建筑工人（装饰装修）技能培训教程

镶 贴 工

本书编委会　编

U0293061

中国建筑工业出版社

图书在版编目（CIP）数据

镶贴工/《镶贴工》编委会编. —北京：中国建筑工业出版社，2017.4
建筑工人（装饰装修）技能培训教程
ISBN 978-7-112-20430-4

Ⅰ.①镶…　Ⅱ.①镶…　Ⅲ.①工程装修-镶贴-技术培训-教材　Ⅳ.①TU767.2

中国版本图书馆 CIP 数据核字（2017）第 037140 号

建筑工人（装饰装修）技能培训教程
镶贴工
本书编委会　编
*
中国建筑工业出版社出版、发行（北京海淀三里河路 9 号）
各地新华书店、建筑书店经销
霸州市顺浩图文科技发展有限公司制版
北京圣夫亚美印刷有限公司印刷
*
开本：850×1168 毫米　1/32　印张：7⅛　字数：190 千字
2017 年 6 月第一版　　2017 年 6 月第一次印刷
定价：**19.00** 元
ISBN 978-7-112-20430-4
（29943）

本书包括：水灰比与砂浆拌制，墙地面基层抹灰，梁柱、顶棚与细部基层抹灰，基层修补，墙柱面块料镶贴，地面块料镶贴，化工块材镶贴，石材湿挂，石材干挂，线角、花饰镶贴等10章内容。

本书可作为各级职业鉴定培训、工程建设施工企业技术培训、下岗职工再就业和农民工岗位培训的理想教材，亦可作为技工学校、职业高中、各种短训班的专业读本。

本书可供镶贴工现场查阅或上岗培训使用，也可作为现场编制施工组织设计和施工技术交底的蓝本，为工程设计及生产技术管理人员提供帮助，也可以作为大专院校相关专业师生的参考读物。

责任编辑：郦锁林　张　磊
责任设计：李志立
责任校对：李欣慰　李美娜

本书编委会

主编：王景文　祝教纯

参编：贾小东　姜学成　姜宇峰　孟　健　齐兆武

王　彬　王春武　王继红　王立春　王景怀

吴永岩　魏凌志　杨天宇　于忠伟　张会宾

周丽丽　祝海龙

前　言

随着社会的发展、科技的进步、人员构成的变化、产业结构的调整以及社会分工的细化，工程建设新技术、新工艺、新材料、新设备，不断应用于实际工程中，我国先后对建筑材料、建筑结构设计、建筑施工技术、建筑施工质量验收等标准进行了全面的修订，并陆续颁布实施。

在改革开放的新阶段，国家倡导“城镇化”的进程方兴未艾，大批的新生力量不断加入工程建设领域。目前，我国建筑业从业人员多达 4100 万，其中有素质、有技能的操作人员比例很低，为了全面提高技术工人的职业能力，完善自身知识结构，熟练掌握新技能，适应新形势、解决新问题，2016 年 10 月 1 日实施的行业标准《建筑装饰装修职业技能标准》JGJ/T 315—2016 对镶贴工的职业技能提出了新的目标、新的要求。

了解、熟悉和掌握施工材料、机具设备、施工工艺、质量标准、绿色施工以及安全生产技术，成为从业人员上岗培训或自主学习的迫切需求。活跃在施工现场一线的技术工人，有干劲、有热情、缺知识、缺技能，其专业素质、岗位技能水平的高低，直接影响工程项目的质量、工期、成本、安全等各个环节，为了使镶贴工能在短时间内学到并掌握所需的岗位技能，我们组织编写了本书。

限于学识和实践经验，加之时间仓促，书中如有疏漏、不妥之处，恳请读者批评指正。

目　录

1 水灰比与砂浆拌制

1.1 常用抹灰砂浆配合比

传统建筑砂浆往往是按照材料的比例进行设计的，如 1：3（水泥：砂）水泥砂浆、1：1：4（水泥：石灰膏：砂）混合砂浆等，而普通预拌砂浆则是按照抗压强度等级划分的。为了使设计及施工人员了解两者之间的关系，给出表 1-1，供选择预拌砂浆时参考。

预拌砂浆与传统砂浆的对应关系 **表 1-1**

品种	预拌砂浆	传统砂浆
抹灰砂浆	WP M5、DP M5	1：1：6 混合砂浆
	WP M10、DP M10	1：1：1：4 混合砂浆
	WP M15、DP M15	1：3 水泥砂浆
	WP M20、DP M20	1：2 水泥砂浆、1：2.5 水泥砂浆、1：1：2 混合砂浆
地面砂浆	WS M15、DS M15	1：3 水泥砂浆
	WS M20、DS M20	1：2 水泥砂浆

注：表中 WP 为湿拌抹灰砂浆代号；DP 为干混抹灰砂浆代号；WS 为湿拌地面砂浆代号；DS 为干混地面砂浆代号。

1.1.1 混合砂浆配合比

水泥石灰抹灰砂浆（简称混合砂浆）系指以水泥为胶凝材料，加入石灰膏、细骨料和水按一定比例配制而成的抹灰砂浆。

（1）水泥石灰抹灰砂浆应符合下列规定：

1）强度等级应为 M2.5、M5、M7.5、M10。

2）拌合物的表观密度不宜小于 1800kg/m³。

3）保水率不宜小于 88%，拉伸粘结强度不应小于 0.15MPa。

（2）水泥石灰抹灰砂浆配合比的材料用量可按表 1-2 选用。

水泥石灰抹灰砂浆配合比的材料用量（kg/m³）　　表 1-2

强度等级	水泥	石灰膏	砂	水
M2.5	200～230	（350～400）－C	1m³ 砂的堆积密度值	180～280
M5	230～280			
M7.5	280～330			
M10	330～380			

注：表中 C 为用水泥量。

1.1.2　水泥抹灰砂浆配合比

水泥抹灰砂浆系指以水泥为胶凝材料，加入细骨料和水按一定比例配制而成的抹灰砂浆。

（1）水泥抹灰砂浆应符合下列规定：

1）强度等级应为 M15、M20、M25、M30。

2）拌合物的表观密度不宜小于 1900kg/m³。

3）保水率不宜小于 82%，拉伸粘结强度不应小于 0.20MPa。

（2）水泥抹灰砂浆配合比的材料用量可按表 1-3 选用。

水泥抹灰砂浆配合比的材料用量（kg/m³）　　表 1-3

强度等级	水泥	砂	水
M15	330～380	1m³ 砂的堆积密度值	250～300
M20	380～450		
M25	400～450		
M30	460～530		

1.1.3　其他抹灰砂浆配合比

1. 水泥粉煤灰抹灰砂浆

水泥粉煤灰抹灰砂浆系指以水泥、粉煤灰为胶凝材料，加入细骨料和水按一定比例配制而成的抹灰砂浆。

（1）水泥粉煤灰抹灰砂浆应符合下列规定：

1）强度等级应为M5、M10、M15。

2）配制水泥粉煤灰抹灰砂浆不应使用砌筑水泥。

3）拌合物的表观密度不宜小于1900kg/m^3。

4）保水率不宜小于82%，拉伸粘结强度不应小于0.15MPa。

（2）水泥粉煤灰抹灰砂浆的配合比设计应符合下列规定：

1）粉煤灰取代水泥的用量不宜超过30%。

2）用于外墙时，水泥用量不宜少于250kg/m^3。

3）配合比的材料用量可按表1-4选用。

水泥粉煤灰抹灰砂浆配合比的材料用量（kg/m^3）　表1-4

<table>
<tr><th>强度等级</th><th>水泥</th><th>粉煤灰</th><th>砂</th><th>水</th></tr>
<tr><td>M5</td><td>250～290</td><td rowspan="3">内掺，等量取代水泥量的10%～30%</td><td rowspan="3">1m³砂的堆积密度值</td><td rowspan="3">270～320</td></tr>
<tr><td>M10</td><td>320～350</td></tr>
<tr><td>M15</td><td>350～400</td></tr>
</table>

2. 掺塑化剂水泥抹灰砂浆

掺塑化剂水泥抹灰砂浆系指以水泥（或添加粉煤灰）为胶凝材料，加入细骨料、水和适量塑化剂按一定比例配制而成的抹灰砂浆。

（1）掺塑化剂水泥抹灰砂浆应符合下列规定：

1）强度等级应为M5、M10、M15。

2）拌合物的表观密度不宜小于1800kg/m^3。

3）保水率不宜小于88%，拉伸粘结强度不应小于0.15MPa。

4）使用时间不应大于2.0h。

（2）掺塑化剂水泥抹灰砂浆配合比的材料用量可按表1-5选用。

掺塑化剂水泥抹灰砂浆配合比的材料用量（kg/m³）表 1-5

强度等级	水泥	砂	水
M5	260～300	1m³砂的堆积密度值	250～280
M10	330～360		
M15	360～410		

3. 聚合物水泥抹灰砂浆

聚合物水泥抹灰砂浆系指以水泥为胶凝材料，加入细骨料、水和适量聚合物按一定比例配制而成的抹灰砂浆。包括普通聚合物水泥抹灰砂浆（无压折比要求）、柔性聚合物水泥抹灰砂浆（压折比≤3）及防水聚合物水泥抹灰砂浆。

聚合物水泥抹灰砂浆应符合下列规定：

（1）抗压强度等级不应小于 M5.0。

（2）宜为专业工厂生产的干混砂浆，且用于面层时，宜采用不含砂的水泥基腻子。

（3）砂浆种类应与使用条件相匹配。

（4）宜采用 42.5 级通用硅酸盐水泥。

（5）宜选用粒径不大于 1.18mm 的细砂。

（6）应搅拌均匀，静停时间不宜少于 6min，拌合物不应有生粉团。

（7）可操作时间宜为 1.5～4.0h。

（8）保水率不宜小于 99%，拉伸粘结强度不应小于 0.30MPa。

（9）具有防水性能要求的，抗渗性能不应小于 P6 级。

4. 石膏抹灰砂浆

石膏抹灰砂浆系指以半水石膏或Ⅱ型无水石膏单独或两者混合后为胶凝材料，加入细骨料、水和多种外加剂按一定比例配制而成的抹灰砂浆。

（1）石膏抹灰砂浆应符合下列规定：

1）抗压强度不应小于 4.0MPa。

2）宜为专业工厂生产的干混砂浆。

3）应搅拌均匀，拌合物不应有生粉团，且应随拌随用。

4）初凝时间不应小于1.0h，终凝时间不应大于8.0h，且凝结时间的检验方法应符合现行行业标准《粉刷石膏》JC/T 517的规定。

5）拉伸粘结强度不应小于0.40MPa。

6）宜掺加缓凝剂。

7）抗压强度试验方法应符合现行行业标准《粉刷石膏》JC/T 517的规定。

（2）抗压强度为4.0MPa石膏抹灰砂浆配合比的材料用量可按表1-6选用。

抗压强度为4.0MPa石膏抹灰砂浆配合比的材料用量（kg/m^3）

表1-6

石膏	砂	水
450～650	$1m^3$砂的堆积密度	260～400

1.2 砂浆拌制

1.2.1 进场检验

（1）预拌砂浆进场时，供方应按规定批次向需方提供质量证明文件。质量证明文件应包括产品型式检验报告和出厂检验报告等。

（2）预拌砂浆进场时应进行外观检验，并应符合下列规定：

1）湿拌砂浆应外观均匀，无离析、泌水现象。

2）散装干混砂浆应外观均匀，无结块、受潮现象。

3）袋装干混砂浆应包装完整，无受潮现象。

（3）湿拌砂浆应进行稠度检验，且稠度允许偏差应符合表1-7的规定。

湿拌砂浆稠度偏差　　表 1-7

规定稠度(mm)	允许偏差(mm)
50、70、90	±10
110	+5 −10

（4）预拌砂浆外观、稠度检验合格后，应按规定进行复验。

1.2.2 湿拌砂浆储存

（1）施工现场宜配备湿拌砂浆储存容器，并应符合下列规定：

1）储存容器应密闭、不吸水。

2）储存容器的数量、容量应满足砂浆品种、供货量的要求。

3）储存容器使用时，内部应无杂物、无明水。

4）储存容器应便于储运、清洗和砂浆存取。

5）砂浆存取时，应有防雨措施。

6）储存容器宜采取遮阳、保温等措施。

（2）不同品种、强度等级的湿拌砂浆应分别存放在不同的储存容器中，并应对储存容器进行标识，标识内容应包括砂浆的品种、强度等级和使用时限等。砂浆应先存先用。

（3）湿拌砂浆在储存及使用过程中不应加水。砂浆存放过程中，当出现少量泌水时，应拌合均匀后使用。砂浆用完后，应立即清理其储存容器。

（4）湿拌砂浆储存地点的环境温度宜为 5～35℃。

1.2.3 干混砂浆储存

（1）不同品种的散装干混砂浆应分别储存在散装移动筒仓中，不得混存混用，并应对筒仓进行标识。筒仓数量应满足砂浆品种及施工要求。更换砂浆品种时，筒仓应清空。

（2）筒仓应符合现行行业标准《干混砂浆散装移动筒仓》

SB/T 10461 的规定，并应在现场安装牢固。

（3）袋装干混砂浆应储存在干燥、通风、防潮、不受雨淋的场所，并应按品种、批号分别堆放，不得混堆混用，且应先存先用。配套组分中的有机类材料应储存在阴凉、干燥、通风、远离火和热源的场所，不应露天存放和曝晒，储存环境温度应为5～35℃。

（4）散装干混砂浆在储存及使用过程中，当对砂浆质量的均匀性有疑问或争议时，应检验其均匀性。

1.2.4 干混砂浆拌合

（1）干混砂浆应按产品说明书的要求加水或其他配套组分拌合，不得添加其他成分。

（2）干混砂浆拌合水应符合现行行业标准《混凝土用水标准》JGJ 63 中对混凝土拌合用水的规定。

（3）干混砂浆应采用机械搅拌，搅拌时间除应符合产品说明书的要求外，尚应符合下列规定：

1）采用连续式搅拌器搅拌时，应搅拌均匀，并应使砂浆拌合物均匀稳定。

2）采用手持式电动搅拌器搅拌时，应先在容器中加入规定量的水或配套液体，再加入干混砂浆搅拌，搅拌时间宜为 3～5min，且应搅拌均匀。应按产品说明书的要求静停后再拌合均匀。

3）搅拌结束后，应及时清洗搅拌设备。

（4）砂浆拌合物应在砂浆可操作时间内用完，且应满足工程施工的要求。

（5）当砂浆拌合物出现少量泌水时，应拌合均匀后使用。

2 墙地面基层抹灰

2.1 内墙面水泥砂浆基层抹灰

底层抹灰层抹灰主要起与基层粘结和初步找平的作用。底层砂浆根据基本材料不同和受水浸湿情况而定，可分别用石灰砂浆、水泥石灰混合砂浆（简称“混合砂浆”）或水泥砂浆。

中层抹灰层抹灰主要起找平和结合的作用。此外，还可以弥补底层抹灰的干缩裂缝。一般来说，中层抹灰所用材料与底层抹灰基本相同，厚度约5～12mm。在采用机械喷涂时，底层与中层可同时进行，但是厚度不宜超过15mm。

2.1.1 施工准备

1. 材料要求

（1）抹灰工程所用的材料、砂浆配比应按设计要求选用。

（2）抹灰砂浆的配合比和稠度等，应经检查合格后，方可使用，掺有水泥或石膏拌制的砂浆，应控制在初凝前用完。

（3）应采用硅酸盐水泥、普通硅酸盐水泥，其质量必须符合现行国家标准《通用硅酸盐水泥》GB 175，强度等级不小于32.5级，水泥应有出厂质量保证书，使用前必须对水泥的凝结时间和安定性进行复验。不同品种、不同等级的水泥不得混用。

（4）砂浆中掺用外加剂时，其掺入量应通过试验确定。

（5）抹灰用砂宜用中砂，质量符合国家现行标准《普通混凝土用砂、石质量及检验方法标准》JGJ 52，含泥量不应大于3%，使用前应过筛，不宜采用特细砂。

（6）灰膏使用前应经熟化，时间一般不少于15d，用于罩面的磨细石灰粉熟化时间不应少于3d。石灰膏应细腻洁白，不得含有未熟化颗粒，已冻结风化的石灰膏不得使用。

（7）用石灰膏选用块状生石灰淋制，淋制时必须用孔径不大于3mm×3mm的筛过滤，并贮存在沉淀池中。熟化时间：常温下一般不少于15d；用于罩面时，不应少于30d。使用时，石灰膏内不得含有未熟化的颗粒和其他杂质。在沉淀池中的石灰膏应加以保护，防止其干燥、冻结和污染。

（8）石灰膏也可用磨细生石灰粉代替，其细度应通过4900孔/cm^2筛。用于罩面时，熟化时间不应少于3d。

（9）用黏土，应选用洁净、不含杂质的亚黏土，并加水浸透。

（10）纸筋可用白纸筋或草纸筋，充分打烂碾磨成糊状，要求洁净细腻，并经石灰浆浸泡处理。纸筋未打烂前不许掺合石灰膏，以免罩面层留有纸粒。

（11）宜用饮用水，当采用其他水源时，水质应符合国家饮用水标准。

2. 作业条件

（1）结构工程全部完成，并经有关部门验收，达到合格标准。

（2）抹灰前应检查门窗的位置是否正确，与墙体连接是否牢固。连接处和缝隙应用1∶3水泥砂浆或1∶1∶6水泥混合砂浆分层嵌塞密实。铝合金门窗框缝隙所用嵌缝材料应符合设计要求，并事先粘贴好保护膜。

（3）混凝土表面缺陷如蜂窝、麻面、露筋等应剔到实处，并刷素水泥浆一道（内掺水重10%的108胶），紧跟用1∶3水泥砂浆分层补平；墙、混凝土墙、加气混凝土墙基体表面的灰尘、污垢和油渍等，应清理干净，并洒水湿润。

（4）台栏杆、挂衣铁件、预埋铁件、管道等应提前安装好，结构施工时墙面上的预留孔洞应提前堵塞严实，将柱、过梁等凸出墙面的混凝土剔平，凹处提前刷净，用水湿润后，再用1∶3

水泥砂浆或1∶1∶6水泥混合砂浆分层补衬平。

(5) 预制混凝土外墙板接缝处应提前处理好，并检查空腔是否畅通，勾好缝，进行淋水试验，无渗漏方可进行下道工序。

(6) 加气混凝土表面缺棱掉角需分层修补：先润湿基体表面，刷掺水重10%的108胶水泥浆一道，紧跟抹1∶1∶6混合砂浆，每遍厚度应控制在7～9mm。

(7) 管道穿越墙洞、楼板洞应及时安放套管，并用1∶3水泥砂浆或细石混凝土填嵌密实；电线管、消火栓箱、配电箱安装完毕，并将背后露明部分钉好钢丝网；接线盒用纸堵严。

(8) 抹水泥砂浆，大面积施工前应先做样板，经鉴定合格，并确定施工方法后，再组织施工。

(9) 高处抹灰时使用的外架子应提前准备好，横竖杆要离开墙面及墙角200～250mm，以利操作。为减少抹灰接槎保证抹灰面的平整，外架子应铺设三步板，以满足施工要求。为保证外墙抹水泥的颜色一致，严禁采用单排外架子。严禁在墙面上预留临时孔洞。

(10) 抹灰前应检查基体表面的平整，以决定其抹灰厚度。抹灰前应在大角的两面、阳台、窗台、碹脸两侧弹出抹灰层的控制线，以作为打底的依据。

2.1.2 抹灰施工要求

1. 一般规定

(1) 抹灰施工应在主体结构完工并验收合格后进行。

主体结构一般在28d后进行验收，这时砌体上的砌筑砂浆或混凝土结构达到了一定的强度且趋于稳定，而且墙体收缩变形也减小，此时抹灰可减少对抹灰砂浆体积变形的影响。

(2) 抹灰工艺应根据设计要求、抹灰砂浆产品说明书、基层情况等确定。

(3) 施工前，施工单位宜和砂浆生产企业、监理单位共同模拟现场条件制作样板，在规定龄期进行实体拉伸粘结强度检验，并应在检验合格后封存留样。

（4）外墙大面积抹灰时，应设置水平和垂直分格缝。水平分格缝的间距不宜大于 6m，垂直分格缝宜按墙面面积设置，且不宜大于 $30m^2$。

（5）室内墙面、柱面和门洞口的阳角做法应符合设计要求。

（6）抹灰砂浆层在凝结前应防止快干、水冲、撞击、振动和受冻。抹灰砂浆施工完成后，应采取措施防止沾污和损坏。

砂浆过快失水，会引起砂浆开裂，影响砂浆力学性能的发展，从而影响砂浆抹灰层的质量；由于抹灰层很薄，极易受冻害，故应避免早期受冻。目前高层建筑窗墙比大，靠近高层窗洞口墙体往往受穿堂风影响很大，应采取措施，不然，抹灰层失水较快，造成空鼓、起壳和开裂。对完工后的抹灰砂浆层进行保护，以保证砂浆的外观质量。

（7）除薄层抹灰砂浆外，抹灰砂浆层凝结后应及时保湿养护，养护时间不得少于 7d。

养护是保证抹灰工程质量的关键。砂浆中的水泥有了充足的水，才能正常水化、凝结硬化。由于抹灰层厚度较薄，基底层的吸水和砂浆表层水分的蒸发，都会使抹灰砂浆中的水分散失。如砂浆失水过多，将不能保证水泥的正常水化硬化，砂浆的抗压强度和粘结强度将不能满足设计要求。因此，抹灰砂浆凝结后应及时保湿养护，使抹灰层在养护期内经常保持湿润。

保湿养护的方式有：喷水、洒水、涂养护剂或养护膜、覆盖湿帘等。

采用洒水养护时，当气温在 15℃以上时，每天宜洒 2 次以上养护水。当砂浆保水性较差、基底吸水性强或天气干燥、蒸发量大时，应增加洒水次数。洒水次数以抹灰层在养护期内经常保持湿润、不影响砂浆正常硬化为原则。目前国内许多抹灰工程没有进行养护，这样既浪费了材料，又不能保证工程质量，有的还发生抹灰层起鼓、脱落等质量事故，应引起足够的重视。为了节约用水，避免多洒的水流淌，可改用喷嘴雾化水养护。

因薄层抹灰砂浆中掺有少量的保水增稠材料、砂浆的保水性和粘结强度较高，砂浆中的水分不易蒸发，可采用自然养护。

（8）天气炎热时，应避免基层受日光直接照射。施工前，基层表面宜洒水湿润。

2. 砂浆选用

室内砖墙多采用1∶3石灰砂浆，需要做涂料墙面时，底灰可用1∶2∶9或1∶1∶6水泥石灰混合砂浆。室外或室内有防水、防潮要求时，应采用1∶3水泥砂浆。

混凝土墙体应采用混合砂浆或水泥砂浆。加气混凝土墙体内墙可用石灰砂浆或混合砂浆，外墙宜用混合砂浆。窗套、腰线等线脚应用水泥砂浆。

北方地区外墙饰面不宜用混合砂浆，一般采用的是1∶3水泥砂浆。底层抹灰的厚度为5～10mm。

3. 抹灰砂浆的稠度要求

抹灰砂浆的稠度应根据施工要求和产品说明书确定。

抹灰砂浆稠度应满足施工的要求，施工单位可根据抹灰部位、基层情况、气候条件以及产品说明书等确定抹灰砂浆的稠度。不同抹灰部位砂浆稠度参考表，见表2-1。

抹灰砂浆稠度参考表 **表2-1**

抹灰层部位	稠度(mm)
底层	100～120
中层	70～90
面层	70～80

4. 抹灰砂浆的厚度要求

（1）砂浆抹灰层的总厚度应符合设计要求。

（2）采用普通抹灰砂浆抹灰时，每遍涂抹厚度不宜大于10mm；采用薄层砂浆施工法抹灰时，宜一次成活，厚度不应大于5mm。

砂浆一次涂抹厚度过厚，容易引起砂浆开裂，因此应控制一次抹灰厚度。薄层抹灰砂浆中常掺有少量添加剂，砂浆的保水性及粘结性能均较好，当基底平整度较好时，涂层厚度可控制在5mm以内，而且涂抹一遍即可。

（3）当抹灰砂浆厚度大于10mm时，应分层抹灰，且应在前一层砂浆凝结硬化后再进行后一层抹灰。每层砂浆应分别压实、抹平，且抹平应在砂浆凝结前完成。抹面层砂浆时，表面应平整。

为防止砂浆内外收水不均匀，引起裂缝、起鼓，也为了易于找平，一次抹得不宜太厚，应分层涂抹。每层施工的间隔时间视不同品种砂浆的特性以及气候条件而定，并参考生产厂家的建议，要求后一层砂浆施工应待前一层砂浆凝结硬化后进行。为了增加抹灰层与底基层间的粘结，底层要用力压实；为了提高与上一层砂浆的粘结力，底层砂浆与中间层砂浆表面要搓毛。在抹中间层和面层砂浆时，需注意表面平整，使之能符合设定的规矩。抹面层时要注意压光，用木抹抹平，铁抹压光。压光时间过早，表面易出现泌水，影响砂浆强度条压光时间过迟，会影响砂浆强度的增长。

（4）当抹灰砂浆总厚度大于或等于35mm时，应采取加强措施。

为了防止抹灰总厚度太厚引起砂浆层裂缝、脱落，当总厚度超过35mm时，需采取增设金属网等加强措施。

2.1.3 基层处理

为保证抹灰层与基体之间能粘结牢固，不致出现裂缝、空鼓和脱落等现象，在抹灰前基体表面上的灰土、污垢、油渍等应清除干净，基体表面凹凸明显的部位应事先剔平或用水泥砂浆补平。基体表面应具有一定的粗糙度。

1. 基层处理前的检查项目

抹灰工程施工，必须在结构或基层质量检验合格后进行。必要时，应会同有关部门办理结构验收和隐蔽工程验收手续。对其他配合工种项目也必须进行检查，这是确保抹灰质量和进度的关键。抹灰前应对以下主要项目进行检查：

（1）门窗框及其他木制品安装得是否正确并齐全，是否预留抹灰层厚度，门口高低是否符合室内水平线标高。

（2）钢丝网吊顶是否牢固，标高是否正确。

（3）墙面预留木砖或铁件有没有遗漏，标高是否正确，埋置是否牢固。

（4）电管线、配电箱是否安装完毕，有无漏项；水暖管道是否做过压力试验；地漏位置和标高是否正确。

（5）墙面上的阳台栏杆、泄水管、水落管管夹、电线绝缘的托架、消防梯等安装是否达到齐全与牢固等。

2. 基层处理要求

（1）基层应平整、坚固，表面应洁净。上道工序留下的沟槽、孔洞等应进行填实修整。

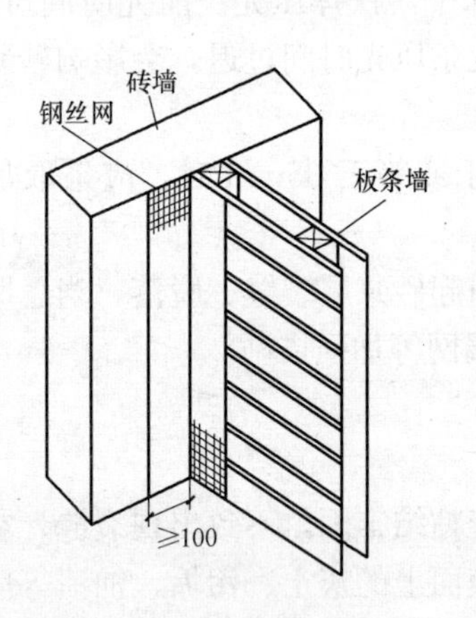

图 2-1　加强网铺钉示意图

（2）不同材质的基体交接处，应采取防止开裂的加强措施。当采用在抹灰前铺设加强网时，加强网与各基体的搭接宽度不应小于 100mm，如图 2-1所示。门窗口、墙阳角处的加强护角应提前抹好。

（3）在烧结砖等吸水速度快的基体上抹灰时，应提前对基层浇水湿润。施工时，基层表面不得有明水。

基底湿润是保证抹灰砂浆质量的重要环节，为了避免砂浆中的水分过快损失，影响施工操作和砂浆的固化质量，在吸水性较强的基底上抹灰时应提前洒水湿润基层。洒水量及洒水时间应根据材料、基底、气候等条件进行控制，不可过多或过少。洒水过少易使砂浆中的水分被基底吸走，使水泥缺水不能正常硬化；过多会造成抹灰时产生流淌，挂不住砂浆，也会因超量的水产生相对运动，降低抹灰层与基底层的粘结。一般，天气干燥有风时多洒，天气寒冷、蒸发小时少洒。我国幅员辽阔，各地气候不同，各种基底的吸水能力又有很大差异，应根据具体情况，掌握洒水的频次与洒水量。

（4）采用薄层砂浆施工法抹灰时，基层可不做界面处理。

对平整度较好的基底，如蒸压加气混凝土砌块砌体，可通过采用薄层抹灰砂浆实现薄层抹灰。由于薄层抹灰砂浆中掺有少量的添加剂，砂浆的保水性及粘结性能较好，可直接抹灰，不需做界面处理。

3. 界面砂浆的使用

（1）在混凝土、蒸压加气混凝土砌块、蒸压灰砂砖、蒸压粉煤灰砖等基体上抹灰时，应采用相配套的界面砂浆对基层进行处理。

混凝土墙体表面比较光滑，不容易吸附砂浆；蒸压加气混凝土砌块具有吸水速度慢，但吸水量大的特点，在这些材料基层上抹灰比较困难。采用与之配套的界面砂浆在基层上先进行界面增强处理，然后再抹灰，这样可增加抹灰层与基底之间的粘结，也可降低高吸水性蒸压加气混凝土砌块吸收砂浆中水分的能力。

可采用涂抹、喷涂、滚涂等方法在基层上先均匀涂抹一层1～2mm厚的界面砂浆，表面稍收浆后，进行第一遍抹灰。

（2）在混凝土小型空心砌块、混凝土多孔砖等基体上抹灰时，宜采用界面砂浆对基层进行处理。

界面砂浆主要用于基层表面比较光滑、吸水慢但总吸水量较大的基层处理，如混凝土、加气混凝土基层，解决由于这些表面光滑或吸水特性引起的界面不易粘结，抹灰层空鼓、开裂、剥落等问题，可大大提高砂浆与基层之间的粘结力，从而提高施工质量，加快施工进度。在很多不易被砂浆粘结的致密材料上，界面砂浆作为必不可少的辅助材料，得到广泛的应用。

界面砂浆在轻质砌块、加气混凝土砌块等易产生干缩变形的砌体结构上，具有一定的防止墙体吸水，降低开裂，使基材稳定的作用。

（3）界面处理时，应根据基层的材质、设计和施工要求、施工工艺等选择相匹配的界面砂浆。

界面砂浆的种类很多，有混凝土、加气混凝土专用界面砂浆，有模塑聚苯板、挤塑聚苯板专用界面砂浆，还有自流平砂浆专用界面砂浆，随着预拌砂浆的发展，还会开发出更多、性能更全的品种。由于各种界面砂浆的性能要求不同，适应性也不同，因此，应根据基层、施工要求等情况选择相匹配的界面砂浆。

（4）界面砂浆的施工应在基层验收合格后进行。

（5）基层应平整、坚固，表面应洁净、无杂物。上道工序留下的沟槽、孔洞等应进行填实修整。

（6）界面砂浆的施工方法应根据基层的材性、平整度及施工要求等确定，并可采用涂抹法、滚刷法及喷涂法。

（7）在混凝土、蒸压加气混凝土基层涂抹界面砂浆时，应涂抹均匀，厚度宜为 2mm，并应待表干时再进行下道工序施工。

界面砂浆涂抹好后，待其表面稍收浆（用手指触摸，不粘手）后即可进行下道抹灰施工。夏季气温高时，界面砂浆干燥较快，一般间隔时间在 10～20min；气温低时，界面砂浆干燥较慢，一般间隔时间约 1～2h。

（8）在模塑聚苯板、挤塑聚苯板表面滚刷或喷涂界面砂浆时，应刷涂均匀，厚度宜为 1～2mm，并应待表干时再进行下道工序施工。当预先在工厂滚刷或喷涂界面砂浆时，应待涂层固化后再进行下道工序施工。

4. 基层处理要点

（1）对于烧结砖砌体的基层，应清除表面杂物、残留灰浆、舌头灰、尘土等，并应在抹灰前一天浇水润湿，水应渗入墙面内 10～20mm。抹灰时，墙面不得有明水。

（2）对于蒸压灰砂砖、蒸压粉煤灰砖、轻骨料混凝土、轻骨料混凝土空心砌块的基层，应清除表面杂物、残留灰浆、舌头灰、尘土等，并可在抹灰前浇水润湿墙面。

（3）对于混凝土基层，应先将基层表面的尘土、污垢、油渍等清除干净，再采用下列方法之一进行处理：

1）可将混凝土基层凿成麻面；抹灰前一天，应浇水润湿，抹灰时，基层表面不得有明水。基层凿成麻面能增加粘结面积，提高抹灰层与基层的粘结强度，但此方法工作量大，费工费时，现已不常使用。

2）可在混凝土基层表面涂抹界面砂浆，界面砂浆应先加水搅拌均匀，无生粉团后再进行满批刮，并应覆盖全部基层表面，厚度不宜大于 2mm。在界面砂浆表面稍收浆后再进行抹灰。

界面砂浆中含有高分子物质，涂抹后能起到增加基层与抹灰砂浆之间粘结力的作用，但需注意加水搅拌均匀，不能有生粉团，并应满批刮，以全部覆盖基层墙体为准，不宜超过 2mm。同时还应注意进行第一遍抹灰的时间，界面砂浆太干，抹灰层涂抹后失水快，影响强度增长，易收缩而产生裂缝；界面砂浆太湿，抹灰层涂抹后水分难挥发，不但影响下一工序的施工，还可能在砂浆层中留下空隙，影响抹灰层质量。

（4）对于加气混凝土砌块基层，应先将基层清扫干净，再采用下列方法之一进行处理：

1）可浇水润湿，水应渗入墙面内 10～20mm，且墙面不得有明水；要注意润湿的程度，太湿或润湿不够都会影响抹灰层与基层的粘结。

2）可涂抹界面砂浆，界面砂浆应先加水搅拌均匀，无生粉团后再进行满批刮，并应覆盖全部基层墙体，厚度不宜大于 2mm。在界面砂浆表面稍收浆后再进行抹灰。

（5）对于混凝土小型空心砌块砌体和混凝土多孔砖砌体的基层，应将基层表面的尘土、污垢、油渍等清扫干净，并不得浇水润湿。

（6）采用聚合物水泥抹灰砂浆时，基层应清理干净，可不浇水润湿。

对于采用聚合物水泥抹灰砂浆抹灰的基层，由于聚合物抹灰砂浆保水性好，粘结强度高，将基层清理干净即可，不需要浇水润湿。

（7）采用石膏抹灰砂浆时，基层可不进行界面增强处理，应浇水润湿。

对于采用石膏抹灰砂浆抹灰的基层，由于抹灰层厚度薄，与基层粘结牢固，不需要采用涂抹界面砂浆等特殊处理方法，只需对基层表面清理干净，浇水润湿即可。

2.1.4 抹灰基本操作

1. 套方、找规矩及做灰饼

（1）应根据设计要求和基层表面平整垂直情况，用一面墙做基准，进行吊垂直、套方、找规矩，并应经检查后再确定抹灰厚度，抹灰厚度不宜小于5mm。

（2）对于凹度较大、平整度较差的墙面，一遍抹平会造成局部抹灰厚度太厚，易引起空鼓、裂缝等质量问题，需要分层抹平，每层厚度不应大于7～9mm。

（3）房间面积较大时应先在地上弹出十字中心线，然后按基层面平整度弹出墙角线，随后在距墙阴角100mm处吊垂线并弹出铅垂线，再按地上弹出的墙角线往墙上翻引弹出阴角两面墙上的墙面抹灰层厚度控制线，以此做灰饼，然后根据灰饼充筋。

（4）抹灰饼时，应根据室内抹灰要求确定灰饼的正确位置，并应先抹上部灰饼，再抹下部灰饼，然后用靠尺板检查垂直与平整。灰饼宜用M15水泥砂浆抹成50mm方形。

2. 修抹预留孔洞、配电箱、槽、盒

把预留孔洞、配电箱、槽、盒周边的洞内杂物、灰尘等物清理干净，浇水湿润，然后用砖将其补齐砌严，用水泥砂浆将缝隙塞严，压抹平整、光滑。

3. 设置标筋

为了有效地控制墙面抹灰层的厚度与垂直度，使抹灰面平整，抹灰层涂抹前应设置标筋（又称冲筋），作为底、中层抹灰的依据。

设置标筋时，先用托线板检查墙面的平整垂直程度，据以确定抹灰厚度（最薄处不宜小于 7mm），再在墙两边上角离阴角边 100～200mm 处按抹灰厚度用砂浆做一个四方形（边长约 50mm）标准块，称为“灰饼”，然后根据这两个灰饼，用托线板或线锤吊挂垂直，做墙面下角的两个灰饼（高低位置一般在踢脚线上口），随后以上角和下角左右两灰饼面为准拉线，每隔 1.2～1.5m 上下加做若干灰饼。待灰饼稍干后在上下灰饼之间用砂浆抹上一条宽 100mm 左右的垂直灰埂，即为标筋，作为抹底层及中层的厚度控制和赶平的标准，见图 2-2。不做饼和标

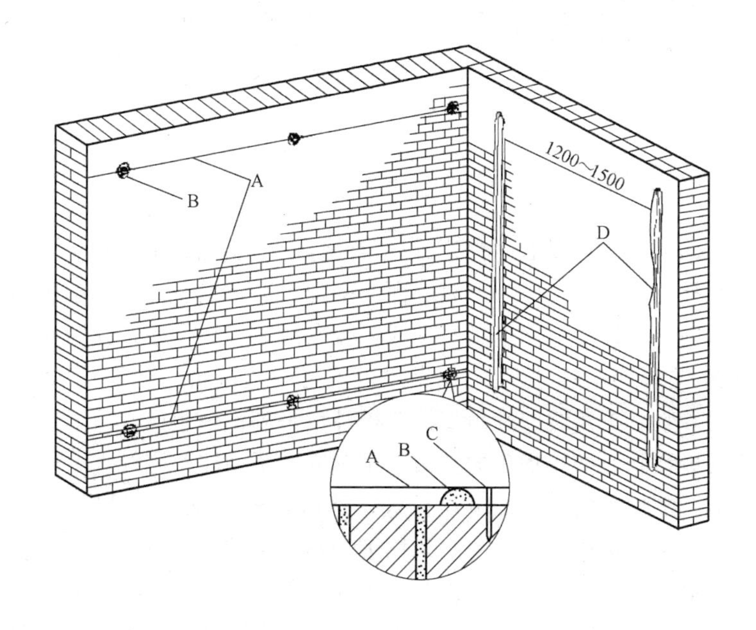

图 2-2　做标志块及标筋

A—引线；B—灰饼（标志块）；C—钉子；D—冲筋

筋，而是在靠近顶棚四周的墙面上弹一条水平线以控制抹灰层厚度，并作为抹灰找平的依据。

4. 做护角

室外内墙面、柱面和门窗洞口的阳角抹灰要求线条清晰、挺直、并防止碰坏，故该处应用 1∶2 水泥砂浆做护角，砂浆收水稍干后，用捋角器抹成小圆角。

一般高度不应低于 2m，护角每侧宽度不小于 50mm，如图 2-3 所示。

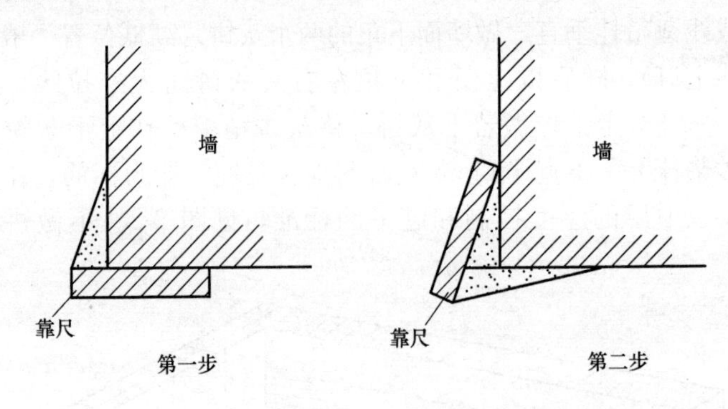

图 2-3　水泥护角做法示意图

抹护角时，以墙面标志块为依据，首先要将阳角用方尺规方，靠门框一边，以门框离墙面的空隙为准，另一边以标志块厚度为据。最好在地面上画好准线，按准线粘好靠尺板，并用托线吊直，方尺找方。然后，在靠尺板的另一边墙角面分层抹 1∶2 水泥砂浆，护角线的外角与靠尺板外口平齐；一边抹好后，再把靠尺板移到已抹好护角的一边，用钢筋卡子稳住，用线垂吊直靠尺板，把护角的另一面分层抹好。然后，轻轻地将靠尺板拿下，待护角的棱角稍干时，用阳角抹子和水泥浆捋出小圆角。

最后在墙面用靠尺板按要求尺寸沿角留出 5cm，将多余砂浆以 40°斜面切掉（切斜面的目的是为墙面抹灰时，便于与护角接槎），墙面和门框等落地灰应清理干净。

窗洞口一般虽不要求做护角，但同样也要方正一致，棱角分明，平整光滑。操作方法与做护角相同。窗口正面应按大墙面标志块抹灰，侧面应根据窗框所留灰口确定抹灰厚度，同样应使用八字靠尺找方吊正，分层涂抹。阳角处也应用阳角抹子抹出小圆角。

5. 冲筋

根据墙面尺寸进行冲筋，将墙面划分成较小的抹灰区域，既能减少由于抹灰面积过大易产生收缩裂缝的缺陷，抹灰厚度也宜控制，表面平整度也宜保证。墙面冲筋（标筋）应符合下列规定：

（1）当灰饼砂浆硬化后，可用与抹灰层相同的砂浆冲筋。

（2）冲筋根数应根据房间的宽度和高度确定。当墙面高度小于 3.5m 时，宜做立筋，两筋间距不宜大于 1.5m；墙面高度大于 3.5m 时，宜做横筋，两筋间距不宜大于 2m。

6. 底层抹灰

为使底层砂浆与基体粘结牢固，抹灰前基体一定要浇水湿润，以防止基体过干而吸去砂浆中的水分，使抹灰层产生空鼓或脱落。砖基体一般宜浇水二遍，使砖面渗水深度达 8～10mm。混凝土基体宜在抹灰前一天即浇水，使水渗入混凝土表面 2～3mm。如果各层抹灰相隔时间较长，已抹灰砂浆层较干时，也应浇水湿润，才可抹下一层砂浆。

在标志块、标筋及门窗口做好护角后，标筋稍干后，即可抹灰。应先抹一层薄灰，并应压实、覆盖整个基层，待前一层六七成干时，再分层抹灰、找平。

抹第一层（底层）砂浆时，抹灰层不宜太厚，但需覆盖整个基层并要压实，保证砂浆与基层粘结牢固。两层抹灰砂浆之间的时间间隔是保证抹灰层粘结牢固的关键因素：时间间隔太长，前一层砂浆已硬化，后层抹灰层涂抹后失水快，不但影响砂浆强度增长，抹灰层易收缩产生裂缝，而且前后两层砂浆易分层；时间间隔太短，前层砂浆还在塑性阶段，涂抹后一层砂浆时会扰动前一层砂浆，影响其与基层材料的粘结强度，而且前层砂浆的水分难挥发，不但影响下一工序的施工，还可能在砂浆层中留下空隙，影响抹灰层质量，因此规定应待前一层六七成干时最佳。根据施工经验，六七成干时，即用手指按压砂浆层，有轻微压痕但不粘手。

7. 中层抹灰

将砂浆抹于墙面两标筋之间，底层要低于标筋，待收水后再进行中层抹灰，其厚度以垫平标筋为准，并使其略高于标筋。中层砂浆抹后，即用中、短木杠按标筋刮平。使用木杠时，施工人员站成骑马式，双手紧握木杠，均匀用力，由下往上移动，并使木杠前进方向的一边略微翘起，手腕要活。局部凹陷处应补抹砂浆，然后再刮，直至普遍平直为止，见图 2-4。紧接着用木抹子搓磨一遍，使表面平整密实。

图 2-4　刮杠示意

分层涂抹时，应防止涂抹后一层砂浆时破坏已抹砂浆的内部结构而影响与前一层的粘结，应避免几层湿砂浆合在一起造成收缩率过大，导致抹灰层开裂、空鼓。因此，水泥砂浆和水泥混合砂浆应待前一层抹灰层凝结后，方可涂抹后一层；石灰砂浆应待前一层发白（约七八成干）后，方可涂抹后一层。抹灰用的砂浆应具有良好的工作性（和易性），以便于操作。

墙的阴角，先用方尺上下核对方正，然后用阴角器上下抽动扯平，使室内四角方正，见图 2-5。

底层砂浆与中层砂浆的配合比应基本相同。中层砂浆强度不能高于底层，底层砂浆强度不能高于基体，以免砂浆在凝结过程中产生较大的收缩应力，破坏强度较低的抹灰底层或基体，导致抹灰层产生裂缝、空鼓或脱落。另外底层砂浆强度与基体强度相差过大时，由于收缩变形性能相差悬殊也易产生开裂和脱离，故混凝土基体上不能直接抹石灰砂浆。

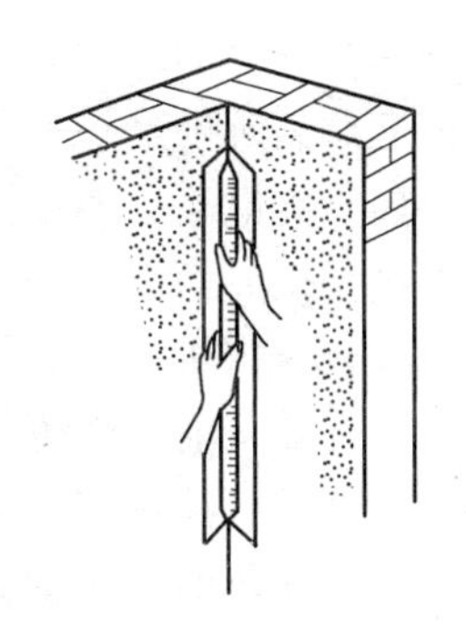

图 2-5　阴角的扯平找直

抹灰层除用手工涂抹外，还可利用机械喷涂。机械喷涂抹灰将砂浆的拌制、运输和喷涂三者有机地衔接起来。

2.2　外墙水泥砂浆抹灰

2.2.1　施工准备

1. 材料要求

参见上述 2.1.1 中“材料要求”。

2. 作业条件

（1）主体结构必须经过相关单位（建设单位、施工单位、质量监理、设计单位）检验合格并已验收。

（2）抹灰前应检查门窗框安装位置是否正确，需埋设的接线盒、电箱、管线、管道套管是否固定牢固。连接处缝隙应用 1∶3 水泥砂浆或 1∶1∶6 水泥混合砂浆分层嵌塞密实，若缝隙较大时，应在砂浆中掺少量麻刀嵌塞，将其填塞密实。

（3）将混凝土过梁、梁垫、圈梁、混凝土柱、梁等表面凸出部分剔平，将蜂窝、麻面、露筋、疏松部分剔到实处，用胶黏性素水泥浆或界面剂涂刷表面，然后用 1∶3 的水泥砂浆分层抹平。

脚手眼和废弃的孔洞应堵严，窗台砖补齐，墙与楼板、梁底等交接处应用斜砖砌严补齐。

（4）配电箱、消火栓等背后裸露部分应加钉铅丝网固定好，可涂刷一层界面剂，铅丝网与最小边搭接尺寸不应小于 100mm。

（5）对抹灰基层表面的油渍、灰尘、污垢等清除干净。

（6）抹灰前屋面防水最好是提前完成，如没完成防水及上一层地面需进行抹灰时，必须有防水措施。

（7）抹灰前应熟悉图纸、设计说明及其他文件，制订方案，做好样板间，经检验达到要求标准后方可正式施工。

（8）外墙抹灰施工要提前按安全操作规范搭好外架子。架子离墙 200～250mm 以利于操作。为保证减少抹灰接槎，使抹灰面平整，外架宜铺设三步板，以满足施工要求。为保证抹灰不出现接缝和色差，严禁使用单排架子，同时不得在墙面上预留临时孔洞等。

（9）抹灰开始前应对建筑整体进行表面垂直、平整度检查，在建筑物的大角两面、阳台、窗台、碹脸等两侧吊垂直弹出抹灰层控制线，以作为抹灰的依据。

2.2.2 施工要点

1. 基层处理

外墙抹灰的基层处理，参见上述 2.1.3 中的相关内容。

（1）砖墙基层处理：将墙面上残存的砂浆、舌头灰剔除干净，污垢、灰尘等清理干净，用清水冲洗墙面，将砖缝中的浮砂、尘土冲掉，并将墙面均匀湿润。

（2）混凝土墙基层处理：因混凝土墙面在结构施工时大都使用脱模隔离剂，表面比较光滑，故应将其表面进行处理，其方法：采用脱污剂将墙面的油污脱除干净，晾干后采用机械喷涂或笤帚涂刷一层薄的胶黏性水泥浆或涂刷一层混凝土界面剂，使其凝固在光滑的基层上，以增加抹灰层与基层的附着力，防止出现空鼓开裂。再一种方法，可将其表面用尖钻子均匀剔成麻面，使其表面粗糙不平，然后浇水湿润。

（3）加气混凝土墙基层处理：加气混凝土砌体其本身强度较低，孔隙率较大，在抹灰前应对松动及灰浆不饱满的拼缝或梁、板下的顶头缝，用砂浆填塞密实。将墙面凸出部分或舌头灰剔凿平整，并将缺棱掉角、凹凸不平和设备管线槽、洞等同时用砂浆整修密实、平顺。用托线板检查墙面垂直偏差及平整度，根据要求将墙面抹灰基层处理到位，然后喷水湿润。

（4）门窗框周边缝隙和墙面其他孔洞的封堵应符合下列规定：

1）封堵缝隙和孔洞应在抹灰前进行。

2）门窗框周边缝隙的封堵应符合设计要求，设计未明确时，可用M20以上砂浆封堵严实。

3）封堵时，应先将缝隙和孔洞内的杂物、灰尘等清理干净，再浇水湿润，然后用C20以上混凝土堵严。

2. 挂线、做灰饼、冲筋

外墙找规矩时，应先根据建筑物高度确定放线方法，高层建筑可利用墙大角、门窗口两边，用经纬仪打直线找垂直。多层建筑时，可从顶层用大线坠吊垂直，绷铁丝找规矩，横向水平线可依据楼层标高或施工＋500mm线为水平基准线进行交圈控制，然后按抹灰操作层抹灰饼，做灰饼时应注意横竖交圈，以便操作。每层抹灰时则以灰饼做基准充筋，使其保证横平竖直。

每层抹灰前为保证抹灰层厚度及平整度需以灰饼为基准进行冲筋。

外墙抹灰找规矩要在四角先挂好自上至下垂直通线（多层及高层楼房应用钢丝线垂下），然后根据大致决定的抹灰厚度，每步架大角两侧弹上控制线，再拉水平通线，并弹水平线做标志块，然后做标筋。

当灰饼砂浆达到七八成干时，即可用与抹灰层相同砂浆标筋，标筋根数应根据房间的宽度和高度确定，一般标筋宽度为5cm。两筋间距不大于1.5m。当墙面高度小于3.5m时宜做立筋，大于3.5m时宜做横筋。做横向标筋时，做灰饼的间距不宜大于2m。

3. 抹底灰

外墙抹灰应在冲筋2h后再抹底灰，并应先抹一层薄灰，且应压实并覆盖整个基层，待前一层六七成干时，再分层抹灰、找平。每层每次抹灰厚度宜为5～7mm，如找平有困难需增加厚度，应分层分次逐步加厚。抹灰总厚度大于或等于35mm时，应采取加强措施，并应经现场技术负责人认定。

抹灰要求将基体抹严，抹时用力压实使砂浆挤入细小缝隙内，接着分层装档，抹与充筋平，用木杠刮找平整，用木抹子搓毛。然后全面检查底子灰是否平整，阴阳角是否方直、整洁，管道后与阴角交接处、墙顶板交接处是否光滑平整、顺直，并用托线板检查墙面垂直与平整情况。散热器后边的墙面抹灰，应在散热器安装前进行，抹灰面接槎应平顺，地面踢脚板或墙裙，管道背后应及时清理干净，做到活完底清。

当底灰抹平后，要随即由专人把预留孔洞、配电箱、槽、盒周边5cm宽的石灰砂刮掉，并清除干净，用大毛刷沾水沿周边刷水湿润，然后用1∶1∶4水泥混合砂浆，把洞口、箱、槽、盒周边压抹平整、光滑。

4. 养护防裂、防水、防潮措施

（1）水泥基抹灰砂浆凝结硬化后，应及时进行保湿养护，养护时间不应少于7d。

（2）用于外墙的抹灰砂浆宜掺加纤维等抗裂材料。外墙抹灰面积大，易开裂，纤维的掺入能提高抹灰砂浆抗裂性。

（3）当抹灰层需具有防水、防潮功能时，应采用防水砂浆。外墙抹灰层有时会要求具有防水、防潮功能，应加入防水剂等添加剂配制砂浆，满足抹灰层防水性能的要求。

2.2.3 抹水泥混合砂浆

（1）外墙的抹灰层要求有一定的防水性能。

（2）一般采用水泥混合砂浆（水泥∶石子∶砂子=1∶1∶6）打底和罩面，或打底用1∶1∶6，罩面用1∶0.5∶4。

（3）在基层处理、四大角（即山墙角）与门窗洞口护角线、墙面的标志块、标筋等完成后即可进行。其底层、中层抹灰方法与内墙面一般抹灰方法基本相同。在刮尺赶平、砂浆收水后，应用木抹子以圆圈形打磨。

2.2.4 加气混凝土墙体的抹灰

1. 基层处理

基层表面处理的方法是多样的，设计和施工者可根据本地材料及施工方法的特点加以选择。如采用浇水润湿墙面，如前所述，浇水量以渗入砌块内深度8～10mm为宜，每遍浇水之间的时间应有间歇，在常温下不得少于15min。浇水面要均匀，不得漏面（做室内粉刷时应以喷水为宜）。抹灰前最后一遍浇水（或喷水），宜在抹灰前1h进行，浇水后立即可刷素水泥浆，刷素水泥浆后可立即抹灰，不得在素水泥浆干燥后再进行抹灰。如采用在基层刷胶，应注意刷胶均匀、全面、不得漏刷。所使用的胶料可根据当地情况采用价廉而对水泥砂浆不起不良反应的胶料即可。如若采用将基体表面刮糙的方法，可用铁抹子在墙面刮成鱼鳞状，表面粗糙，与底面粘结良好，厚度3～5mm。在基层表面处理完毕后，应立即进行抹底灰。

2. 施工要点

（1）底灰材料应选用与加气混凝土材性相适应的抹灰材料，如强度、弹性模量和收缩值等应与加气混凝土材性接近。一般是用1∶3∶9水泥混合砂浆薄抹一层，接着用1∶3石灰砂浆抹第二遍。底层厚度为3～5mm，中层厚度为8～10mm，按照标筋，用大杠刮平，用木抹子搓平。

（2）每层每次抹灰厚度应小于10mm，如找平有困难而需增加厚度，则应分层、分次逐步加厚，每次间隔时间，应待第一次抹灰层终凝后进行，切忌连续流水作业。

（3）大面抹灰前的“冲筋”砂浆，埋设管线、暗线外的修补找平砂浆，应与大面抹灰材料一致，切忌采用高强度等级砂浆。

（4）外墙抹灰应进行养护。

（5）外墙抹灰，在寒冷地区不宜冬期施工。

（6）底灰与基层表面应粘结良好，不得空鼓、开裂。

3. 抹灰防裂措施

（1）在基层上涂刷一层“界面处理剂”，封闭基层。

（2）在砂浆中掺入胶结材料，以改善砂浆的粘结性能。

（3）涂刷“防裂剂”。将基层表面清理干净，提前用水湿润，即可抹底灰，待底层灰修整、压光并收水时，在底灰表面及时刷或喷一道专用的防裂剂，接着抹中层灰。

2.3 地面水泥砂浆抹灰

水泥砂浆面层是在房屋建筑中应用广泛的一种建筑地面工程的类型。水泥砂浆面层是用细骨料（砂），以水泥材料作胶结料加水按一定的配合比，经拌制成的水泥砂浆拌合料，铺设在水泥混凝土垫层、水泥混凝土找平层或钢筋混凝土板等基层上而成。水泥砂浆面层的厚度不应小于 20mm，其构造做法如图 2-6 所示。

缺砂地区，可用石屑代替砂做成水泥石屑面层。特别是可以充分利用开山采石的副产品即石屑，这不但可就地取材，价格低廉，降低工程成本，获得经济效益，而且由于质量较好，表面光滑，也不会起砂，故适用于有一定清洁要求的地面。

2.3.1 一般规定

（1）面层砂浆的铺设宜在室内装饰工程基本完工后进行。

（2）地面砂浆铺设时，应随铺随压实。抹平、压实工作应在砂浆凝结前完成。

地面面层砂浆施工时应刮抹平整；表面需要压光时，应做到

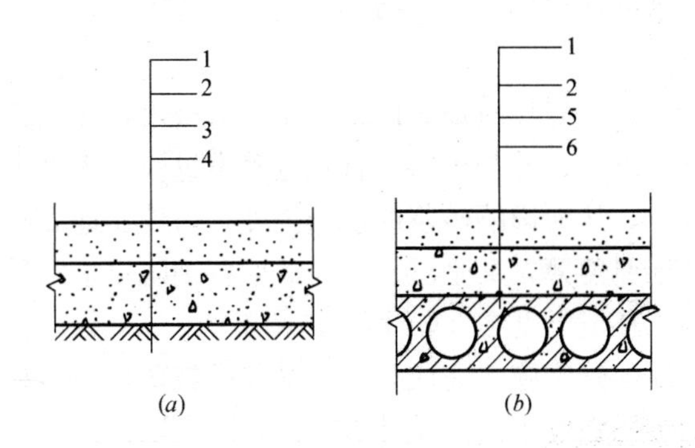

图 2-6　水泥砂浆面层构造做法示意图

（a）地面工程；（b）楼面工程

1—水泥砂浆面层；2—刷水泥浆；3—混凝土垫层；

4—基土（分层夯实）；5—混凝土找平层；6—楼层结构层

收水压光均匀，不得泛砂。压光时间要恰当，若压光时间过早，表面易出现泌水，影响表层砂浆强度；压光时间过迟，易损伤水泥胶凝体的凝结结构，影响砂浆强度的增长，容易导致面层砂浆起砂。

（3）做踢脚线前，应弹好水平控制线，并应采取措施控制出墙厚度一致。踢脚线突出墙面厚度不应大于 8mm。

（4）踏步面层施工时，应采取保证每级踏步尺寸均匀的措施，且误差不应大于 10mm。

踏步面层施工时，可根据平台和楼面的建筑标高，先在侧面墙墙上弹一道踏级标准斜线，然后根据踏级步数将斜线等分，等分各点即为踏级的阳角位置。每级踏步的高（宽）度与上一级踏步和下一级踏步的高（宽）度误差不应大于 10mm。楼梯踏步齿角要整齐，防滑条顺直。

（5）地面砂浆铺设时宜设置分格缝，分格缝间距不宜大于 6m。

客厅、会议室、集体活动室、仓库等房间的面积较大，设置变形缝是为了避免地面砂浆由于收缩变形导致较多裂缝的发生。

（6）地面面层砂浆凝结后，应及时保湿养护，养护时间不应少于 7d。

养护工作的好坏对地面砂浆质量影响极大，潮湿环境有利于砂浆强度的增长；养护不够，且水分蒸发过快，水泥水化减缓甚至停止水化，从而影响砂浆的后期强度。另外，地面砂浆一般面积大，面层厚度薄，又是湿作业，故应特别防止早期受冻，为此要确保施工环境温度在 5℃以上。

（7）地面砂浆施工完成后，应采取措施防止沾污和损坏。面层砂浆的抗压强度未达到设计要求前，应采取保护措施。

地面砂浆受到污染或损坏，会影响到其美观及使用。当面层砂浆强度较低时就过早使用，面层易遭受损伤。

2.3.2 施工准备

1. 材料要求

（1）水泥砂浆面层所用水泥，宜优先采用硅酸盐水泥、普通硅酸盐水泥且强度等级不得低于 32.5 级。如果采用石屑代砂时，水泥强度等级不低于 42.5 级。上述品种水泥在常用水泥中具有早期强度高、水化热大、干缩值较小等优点。

（2）如采用矿渣硅酸盐水泥，其强度等级不低于 42.5 级，在施工中要严格按施工工艺操作，且要加强养护，方能保证工程质量。

（3）水泥砂浆面层所用之砂，应采用中砂或粗砂，也可两者混合使用，其含泥量不得大于 3％。因为细砂拌制的砂浆强度要比粗、中砂拌制的砂浆强度约低 25％～35％，不仅其耐磨性差，而且还有干缩性大，容易产生收缩裂缝等缺点。

（4）如采用石屑代砂，粒径宜为 3～6mm，含泥量不大于 3％。

（5）材料配合比：

1）水泥砂浆：面层水泥砂浆的配合比应不低于 12，其稠度不大于 3.5cm。水泥砂浆必须拌和均匀，颜色一致。

2）水泥石屑浆：如果面层采用水泥石屑浆，其配合比为12，水灰比为0.3～0.4，并特别要求做好养护工作。

2. 主要机具

砂浆搅拌机、拉线和靠尺、抹子和木杠、捋角器及地面抹光机（用于水泥砂浆面层的抹光）。

3. 作业条件

（1）施工前在四周墙身弹好水准基准水平墨线（一般弹＋500mm线）。

（2）门框和楼地面预埋件、水电设备管线等均应施工完毕并经检查合格。对于有室内外高差的门口位置，如果是安装有下槛的铁门时，尚应顾及室内外完成面能各在下槛两侧收口。

（3）各种立管孔洞等缝隙应先用细石混凝土灌实堵严（细小缝隙可用水泥砂浆灌堵）。

（4）办好作业层的结构隐蔽验收手续。

（5）作业层的天棚（天花）、墙柱施工完毕。

2.3.3 施工要点

1. 基层处理

水泥砂浆面层多是铺抹在楼面、地面的混凝土、水泥炉渣、碎砖三合土等垫层上，垫层处理是防止水泥砂浆面层空鼓、裂纹、起砂等质量通病的关键工序。因此，要求垫层应具有粗糙、洁净和潮湿的表面，一切浮灰、油渍、杂质，必须仔细清除，否则会形成一层隔离层，而使面层结合不牢。表面比较光滑的基层，应进行凿毛，并用清水冲洗干净。冲洗后的基层，最好不要上人。

（1）垫层上的一切浮灰、油渍、杂质，必须仔细清除，否则形成一层隔离层，会使面层结合不牢。

（2）表面较滑的基层，应进行凿毛，并用清水冲洗干净，冲洗后的基层，最好不要上人。

（3）宜在垫层或找平层的砂浆或混凝土的抗压强度达到

1.2MPa后，再铺设面层砂浆，这样才不致破坏其内部结构。

（4）铺设地面前，还要再一次将门框校核找正，方法是先将门框锯口线抄平校正，并注意当地面面层铺设后，门扇与地面的间隙（风路）应符合规定要求。然后将门框固定，防止位移。

在现浇混凝土或水泥砂浆垫层、找平层上做水泥砂浆地面面层时，其抗压强度达1.2MPa后，才能铺设面层。这样做不致破坏其内部结构。

2. 弹线、做标筋

（1）地面抹灰前，应先在四周墙上弹出一道水平基准线，作为确定水泥砂浆面层标高的依据。水平基准线是以地面±0.00及楼层砌墙前的抄平点为依据，一般可根据情况弹性标高50cm的墙上。

（2）根据水平基准线再把楼地面面层上皮的水平辅助基准线弹出。面积不大的房间，可根据水平基准线直接用长木杠抹标筋，施工中进行几次复尺即可。面积较大的房间，应根据水平基准线在四周墙角处每隔1.5～2.0m用1∶2水泥砂浆抹标志块，标志块大小一般是8～10cm见方。待标志块结硬后，再以标志块的高度做出纵横方向通长的标筋以控制面层的厚度。

地面标筋用1∶2水泥砂浆，宽度一般为8～10cm。做标筋时，要注意控制面层厚度，面层的厚度应与门框的锯口线吻合。

（3）对于厨房、浴室、卫生间等房间的地面，须将流水坡度找好。有地漏的房间。要在地漏四周找出不小于5%的泛水。抄平时要注意各室内地面与走廊高度的关系。

3. 配制砂浆

面层水泥砂浆的配合比宜为水泥∶砂=1∶2（体积比），稠度不大于35mm，强度等级不应低于M15。使用机械搅拌，投料完毕后搅拌时间不应少于2min，要求拌合均匀。

4. 铺砂浆

铺砂浆前先在基层上均匀扫素水泥浆（水灰比0.4～0.5）一遍，随扫随铺砂浆。注意水泥砂浆的虚铺厚度宜高于灰饼3～4mm。

5. 找平、压光

铺砂浆后，随即用刮杠按灰饼高度，将砂浆刮平，同时把灰饼剔掉，并用砂浆填平。然后用木抹子搓揉压实，用刮杠检查平整度。在砂浆终凝前（即人踩上去稍有脚印，用抹子压光无痕时）再用铁抹子把前遍留的抹纹全部压平、压实、压光。

当采用地面抹光机压光时，水泥砂浆的干硬度应比手工压光时要稍干一些。

2.4 饰面板块镶贴前底、中层拉毛面抹灰操作

2.4.1 混凝土墙面拉毛面抹灰

1. 基层处理

若混凝土墙面光滑，应对其表面进行“毛化”处理，其方法有两种：一种是将其光滑的表面用尖钻剔毛，剔去光面，使其表面粗糙不平，用水湿润基层。另一种方法是将光滑的表面清扫干净，用10%火碱水除去混凝土表面的油污后，将碱液冲洗干净后晾干，采用机械喷涂或用笤帚甩上一层1∶1稀粥状水泥细砂浆（内掺20%108胶水拌制），使其凝固在光滑的基层表面，用手掰不动为好。

2. 吊垂直、套方找规矩

分别在门窗口角、垛、墙面等处吊垂直，套方抹灰饼，并按灰饼充筋后，在墙面上弹出抹灰层控制线。

3. 抹底层砂浆

刷掺水（质量10%）的108胶水泥浆一道，紧跟抹1∶3水泥砂浆，每遍厚度为5～7mm，应分层与所充筋抹平，并用大杠刮平、找直，木抹子搓毛。

2.4.2 加气混凝土砌体墙面水泥砂浆拉毛面抹灰

1. 基层处理

用水硬性材料抹灰时，应首先在加气混凝土表面做界面处

理，先采用界面剂配制聚合物水泥砂浆进行表面拉毛；然后抹底层灰、中层灰、面层灰。各层灰的强度逐渐增大。混凝土与轻质砌块墙体交接处均应加钉200宽钢丝网。

2. 浇水湿润

用笤帚将板面上的粉尘扫净，浇水，将板湿润，使水浸入加气块达10mm为宜。对缺棱掉角的砌块，或砌块的接缝处高差较大时，可用1∶1∶6水泥混合砂浆掺20%108胶水拌合均匀，分层衬平，每遍厚度5～7mm，待灰层凝固后，用水湿润，用上述同配合比的细砂浆（砂子应用纱绷筛去筛），用机械喷或用笤帚甩在加气混凝土表面，第二天浇水养护，直至砂浆疙瘩凝固，用手掰不动为止。

3. 墙面拉毛

按照水泥∶砂∶界面剂＝1∶1∶1（重量）的比例配制水泥砂浆，搅拌均匀后用扫帚或用灰浆泵等工具将墙面拉毛，满覆盖加气混凝土表面，毛钉平均厚度3mm，砂浆终凝后，喷水1～2次，养护1d。

4. 找规矩、抹阳角、抹灰饼、冲筋

用托线板和靠尺检查整个墙面的平整度和垂直度，阴阳角找方。用水泥砂浆及金属护角或玻纤布抹阳角。用线坠、方尺、拉通线等方法抹灰饼，先在2m高处抹上灰饼，根据上灰饼抹下灰饼，用靠尺板找正垂直。灰饼大小5cm见方，水平距离为1.2～1.5m左右。抹灰饼后，再在垂直方向冲筋。

应按图纸上的要求弹线分格，粘分格条，注意粘竖条时应粘在所弹立线同一侧，防止左右乱粘。条粘好后，当底灰五、六成干时，即可抹面层砂浆。先刷掺水重10%的108胶水泥素浆一道，紧跟着抹面。面层砂浆的配合比为1∶2.5的水泥混合砂浆或为1∶0.5∶2.5水泥、粉煤灰混合砂浆，一般厚度5mm左右，分两次与分格条抹平，再用杠横竖刮平，木抹子搓毛，铁抹子压实、压光，待表面无明水后，用刷子蘸水按垂直于地面方向轻刷一遍，使其面层颜色一致。做完面层后应喷水养护。

5. 抹底层灰

底层灰砂浆宜采用混合灰，强度控制在 5～7.5MPa 件，其对应的配比为水泥：石灰膏（粉煤灰）：砂＝1∶0.5∶6（使用 32.5 号水泥）。先刷掺水重 10％的 108 胶水泥浆一道（水泥比 0.4～0.5），随刷随抹水泥砂浆，配合比 1∶3，分遍抹平，大杠刮平，木抹子搓毛，终凝后开始养护。若砂浆中掺入粉煤灰，则上述配合比可以改为 1∶0.5∶3，即水泥：粉煤灰：砂。

1）对墙面拉毛处理层喷水润湿。

2）用水泥：石灰膏（粉煤灰）∶砂＝1∶0.5∶6 的比例配制混合砂浆。

3）用混合砂浆抹底层灰并用木抹子搓毛，一次抹灰厚度不超过 10mm。

4）混合砂浆终凝后，喷水养护 1～3 次，养护 1d。

6. 抹中层灰

中层灰的强度应略高于底层灰的强度，也宜采用混合灰，配比采用 1∶0.5∶5。

1）对底层灰喷水润湿。

2）用水泥∶石灰膏（粉煤灰）∶砂＝1∶0.5∶5 的比例配制混合砂浆。

3）用混合砂浆抹中层灰并用木抹子搓毛，一次抹灰厚度不超过 10mm。

4）混合砂浆终凝后，喷水养护 1～3 次，养护 1d。

2.5 钢丝网板墙基层的抹灰

2.5.1 基层处理

抹灰前，应检查钢、木门窗框位置是否正确，与墙连接是否牢固，连接处的缝隙应用水泥砂浆或水泥石灰砂浆（加少量麻刀）分层嵌塞密实。

用水泥砂浆或细石混凝土修补脚手架孔洞，包括悬挑工字钢、脚手架孔洞。混凝土墙体表面需用钢丝刷清除浮浆、隔离剂、油污及模板残留物，并割除外露的钢筋头、剔凿凸出的混凝土块；砌体墙面清扫灰尘，清除墙面浮浆、凸出的砂浆块。

用托线板检查墙体的垂直偏差及平整度，将抹灰基层处理完好。

2.5.2 施工要点

1. 洒水湿润

需要湿润墙面时，将墙面浮土清扫干净，用喷雾器喷水湿润砌体表面，让基层吸水均匀，蒸压加气混凝土砌体表面湿润深度宜为10～15mm，其含水率不宜超过20%；普通混凝土小型空心砌体和轻骨料混凝土小型砌体含水率宜控制在5%～8%。不得直接用水管淋水。

在基层上刷涂或喷涂聚合物水泥砂浆或其他界面处理剂成拉毛面，拉毛面积不小于基层表面积的95%。同时加强拉毛质量检查验收。

2. 贴灰饼

用托线板检测一遍墙面不同部位的垂直、平整情况，以墙面的实际高度决定灰饼和冲筋的数量。一般水平及高度距离以1.8m为宜。用1∶1∶6水泥砂浆，做成100mm见方的灰饼。灰饼厚度以满足墙面抹灰达到垂直度的要求为宜。上下灰饼用托线板找垂直，水平方向用靠尺板或拉通线找平，先上后下。保证墙面上、下灰饼表面处在同一平面内，作为冲筋的依据。

3. 冲筋

依照已贴好的灰饼，从水平或垂直方向各灰饼之间用水泥砂浆冲筋，反复搓平，上下吊垂直。

4. 抹底子灰挂网

挂网抹灰应分层进行。加气混凝土砌块外墙体，应先挂网，用50号水泥钉固定牢固，固定钉与混凝土面间采用强力万能胶粘结，每 200mm 间距贴一个，绷紧钢丝网；搭缝宽度从缝边起每边不得小于 125mm。

墙面加气混凝土块刷掺用水量 10％的建筑胶素水泥浆后应及时抹灰，不得在素水泥浆风干后再抹灰，否则，形成隔离层，不利于基层粘结。

对于加气块与混凝土柱梁面交接的部位，加强网的搭接宽度不应小于 100mm。第一遍抹砂浆，配合比为 1∶3，厚度 5mm，扫毛或划出纹线，养护，待干后，抹第二遍，用大杠将墙面刮平，木抹子搓平。用托线板检查，要求垂直、平整，阴、阳角方正，顶板（梁）与墙面交角顺直，管后阴角顺直、平整、洁净。

水泥基抹灰砂浆凝结硬化后，应及时进行保湿养护，养护时间不应少于 7d。

3 梁柱、顶棚与细部基层抹灰

3.1 梁柱基层抹灰

3.1.1 梁基层抹灰

（1）清理基层：梁抹灰室内一般多用水泥混合砂浆抹底层、中层，再用纸筋石灰或麻刀石灰罩面、压光；室外梁常用水泥砂浆或混合砂浆。抹灰前应认真清理梁的两侧及底面，清除模板的隔离剂，用水湿润后刷水泥素浆或洒1∶1水泥砂浆一道。

（2）找规矩：顺梁的方向弹出梁的中心线，根据弹好的线，控制梁两侧面抹灰的厚度。梁底面两侧也应当挂水平线，水平线由梁往下10mm左右，扯直后看梁底水平高低情况和阳角方正状况，以决定梁底抹灰厚度。

（3）做灰饼：可在梁的两端侧面下口做灰饼，以梁底抹灰厚度为依据，从梁一端侧面的下口往另一端拉一根水平线，使梁两端的两侧面灰饼保持在一个立面上。

（4）抹灰：抹灰时，可采用反贴八字靠尺板的方法，先将靠尺卡固在梁底面边口，先抹梁的两个侧面，抹完后再在梁两侧面下口卡固八字靠尺，再抹底面。抹灰方法与顶棚相同。抹完后，立即用阳角抹子把阳角捋光。

3.1.2 混凝土方柱基层抹灰

室内柱一般用石灰砂浆或水泥砂浆抹底层、中层；室外柱一般常用水泥砂浆抹灰。

1. 基层处理

先将砖柱、钢筋混凝土柱表面清扫干净、浇水湿润。在抹混凝土柱前可刷素水泥浆一遍，然后找规矩。如果方柱为独立柱，应按设计图纸所标志的柱轴线，测量柱子的几何尺寸和位置，在楼地面上弹上垂直两个方向的中心线，并放上抹灰后的柱子边线（注意阳角都要规方），然后在柱顶卡固上短靠尺，拴上线锤往下垂吊，并调整线锤对准地面上的四角边线，检查柱子各方面的垂直和平整度。如果不超差，在柱四角距地坪和顶棚各150mm左右处做灰饼，如图3-1所示。如果柱面超差，应进行处理，再找规矩做灰饼。

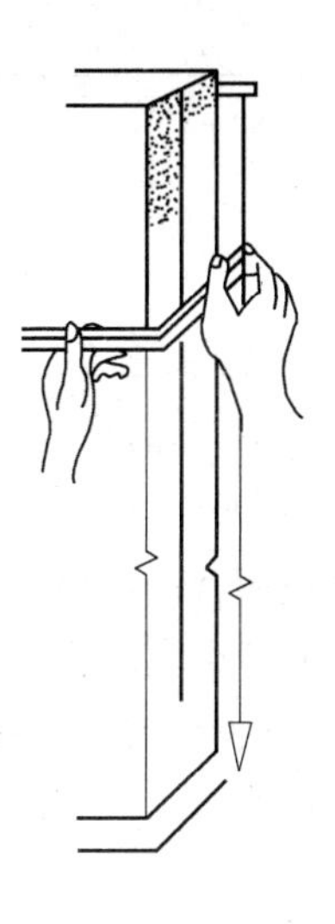

图3-1 独立方柱找规矩

2. 找中心线

当有两根或两根以上的柱子，应先根据柱子的间距找出各柱中心线，用墨斗在柱子的四个立面弹上中心线，然后在一排柱子两侧（即最外的两个）柱子的正面上外边角（距顶棚150mm左右）做灰饼，再以此灰饼为准，垂直挂线做下外边角的灰饼；再上下拉水平通线做所有柱子正面上下两边灰饼，每个柱子正面上下左右共做四个。

根据正面的灰饼用套板套在两端柱子的反面，再做两上边的灰饼，见图3-2（*a*）。

3. 做灰饼

根据这个灰饼，上下拉水平通线，做各柱反面灰饼。正面、反面灰饼做完后，用套板中心对准柱子正面或反面中心线，做柱两侧的灰饼，见图3-2（*b*）。

如果是排柱，也应把各个柱的横向中心线和排柱公共的纵向中心线弹出，再如独立柱一样的方法弹出四周的边线，吊线检

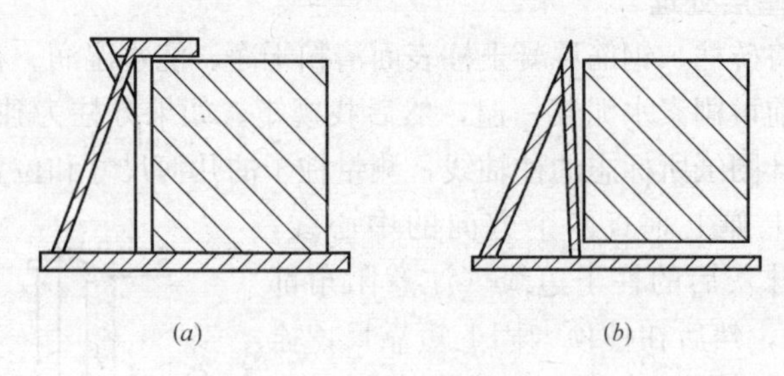

图 3-2　多根柱找规矩

（*a*）两上边灰饼的做法；（*b*）柱两侧灰饼的做法

查，处理。在做灰饼时，要先把排柱两端的两根柱子的大面外边的灰饼做好，然后拉通线把中间各柱的前后大面灰饼做好，再依灰饼把相背的前后大面充筋、装档、刮平、搓平。抹完所有柱的两个前、后大面后，把这两面地上的中心线传递打好的底子上吊垂直，用墨斗弹出，然后在前后面两边都正贴上八字尺，用卡子卡好，用钢卷尺在靠尺的上、下选两点，从中心线尺以 1/2 面宽尺寸量至靠尺外边（打底尺寸的面宽 1/2）。用靠尺的方法，如图 3-3 所示。

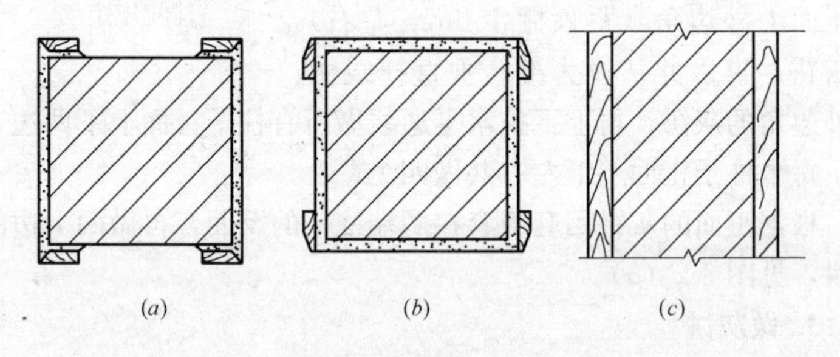

图 3-3　柱子侧边卡尺示意

在前后两大面上反粘八字尺抹两小侧面的灰；翻尺正卡在侧面抹好的灰层上抹前后两大面的灰；粘卡靠尺都要从中心线向两边量出 1/2 柱宽。

4. 抹灰

柱子四面灰饼做好后，应先往侧面卡固八字靠尺，抹正反面，再把八字靠尺固正，反面，抹两侧面，底、中层抹灰要用短木刮平，木抹子搓平。

3.1.3 混凝土圆柱抹灰

1. 基层处理

同方柱基层处理。

2. 找规矩

独立圆柱找规矩，一般也应先找出纵横两个方向的中心线，并弹上两个方向的四根中心线，按四面中心点，在地面分别弹出四个点的切线，就形成了圆柱的外切四边形。然后用缺口木板方法，由上四面中心线往下吊线锤，检查柱子的垂直度，如不超差，先在地面再弹上圆柱抹灰后的外切四边形，按它制作圆柱的抹灰套板。

3. 做灰饼、冲筋

可根据地面上放好的线，在柱四面中心线处，先在下面做四个灰饼，然后用缺口板挂线锤做柱上部四个灰饼。上下灰饼挂线，中间每隔 1.2m 左右做几个灰饼，根据灰饼冲筋，如图 3-4 所示。

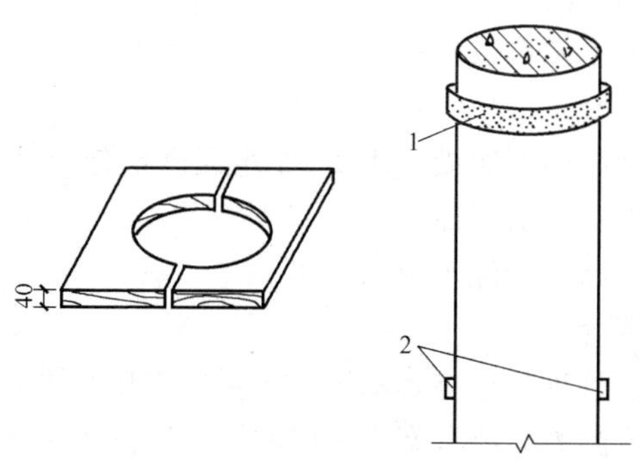

图 3-4　独立圆柱抹灰方法示意图

1—冲筋；2—灰饼

4. 抹灰

抹灰做法与方柱相同，抹时用长木杠随抹随找圆，随时用圆形套板核对，当抹面层灰时，应用圆形套板沿柱上下滑动，将抹灰层抹成圆形，最后再由上至下滑磨平整。

3.2 顶棚基层抹灰

3.2.1 现浇混凝土楼板顶棚抹灰

混凝土顶棚抹灰指在现制混凝土或预制混凝土顶棚上抹灰。

混凝土（包括预制混凝土）顶棚板基层上抹灰，由于各种因素的影响抹灰层脱落的质量事故时有发生，严重时会危及人身安全。实践经验表明，抹灰层可采用聚合物抹灰砂浆或石膏抹灰砂浆，实践证明这种方法效果良好。由于聚合物抹灰砂浆、石膏抹灰砂浆具有良好的粘结性能，也适用于混凝土板和墙及加气混凝土砌块和板表面的抹灰。

1. 施工准备

（1）在墙面和梁侧面弹上标高基准墨线，连续梁底应设通长墨线。

（2）根据室内高度和抹灰现场的具体情况，提前搭好操作用的脚手架，脚手架桥板面距顶板底高度适中（约为1.8m左右）。

（3）将混凝土顶板底表面凸出部分凿平，对蜂窝、麻面、露筋、漏振等处应凿到实处，用1∶2水泥砂浆分层抹平，把外露钢筋头和铅丝头等清除掉。

（4）抹灰前一天浇水湿润基体。

2. 施工要点

（1）基层处理：检查其基体有无裂缝或其他缺陷，表面有无油污、不洁或附着杂物（塞模板缝的纸、油毡及铁丝、钉头等），如为预制混凝土板，则检查其灌缝砂浆是否密实。检查暗埋电线之接线盒或其他一些设施安装件是否已安装和保护完善。

对采用钢模板施工的板底凿毛，并用钢丝刷满刷一遍，再浇水湿润。

混凝土顶棚抹灰前，应先将楼板表面附着的杂物清除干净，并应将基面的油污或隔离剂清除干净，凹凸处应用聚合物水泥抹灰砂浆修补平整或剔平。

抹灰层出现开裂、空鼓和脱落等质量问题的主要原因之一是基层表面不干净，如：基层表面附着的灰尘和疏松物、隔离剂和油渍等，这些杂物不彻底清除干净会影响抹灰层与基层的粘结。因此，顶棚抹灰前应将楼板表面清除干净，凡凹凸度较大处，应用聚合物水泥抹灰砂浆修补平整或剔平。

（2）弹线：顶棚抹灰通常不做灰饼和冲筋，但应先在四周墙上弹出水平线作为控制线，再抹顶棚四周，然后圈边找平。小面积普通抹灰顶棚一般用目测控制其抹灰面平整度及阴阳角顺直即可。大面积高级抹灰顶棚则应找规矩、找水平。根据墙柱上弹出的标高基准墨线，用粉线在顶板下 100mm 的四周墙面上弹出一条水平线，作为顶板抹灰的水平控制线。

对于面积较大的楼盖顶或质量要求较高的顶棚，宜通线设置灰饼。

（3）抹底灰：抹灰前应对混凝土基体提前洒（喷）水润湿，抹时应一次用力抹灰到位，并初平，不宜翻来覆去扰动，否则会引起掉灰，待稍干后再用搓板刮尺等刮平，最后一遍需压光，阴阳角应用角模拉顺直。

在顶板混凝土湿润的情况下，先刷素水泥浆一道，随刷随打底，打底采用 1∶1∶6 水泥混合砂浆。对顶板凹度较大的部位，先大致找平并压实，待其干后，再抹大面底层灰。

顶棚抹灰层不宜太厚，太厚易出现开裂、空鼓和脱落等现象。预制混凝土顶棚抹灰厚度不宜大于 10mm；现浇混凝土顶棚抹灰厚度不宜大于 5mm。

操作时需用力抹压，然后用压尺刮抹顺平，再用木磨板磨平，要求平整稍有粗糙，不必光滑，但不得过于粗糙，不许有凹陷深痕。

抹面层灰时可在中层灰六七成干时进行，预制板抹灰时必须朝板缝方向垂直进行，抹水泥类灰浆后需注意洒（喷）水养护（石灰类灰浆自然养护）。

3.2.2 灰板条顶棚抹灰

1. 施工准备

（1）在正式抹灰之前，首先检查钢木骨架，要求必须符合设计要求。

（2）然后再检查板条顶棚，如有以下缺陷者，必须进行修理。

1）吊杆螺帽松动或吊杆伸出板条底面的。

2）板缝应为 7～10mm，接头缝应为 3～5mm，缝隙过大或过小的。

3）灰板条厚度不够，过薄或过软的。

4）少钉导致不牢，有松动现象的。

5）板条没有按规定错开接缝。

以上缺陷经修理后检查合格者，方可开始抹灰。

2. 施工要点

（1）清理基层：将基层表面的浮灰等杂物清理干净。

（2）弹水平线：在顶棚靠墙的四周墙面上，弹出水平线，作为抹灰厚度的标志。

（3）抹底层灰：抹底灰时，应顺着板条方向，从顶棚墙角由前向后抹，用铁抹子刮上麻刀石灰浆或纸筋石灰浆，用力来回压抹，将底灰挤入板条缝隙中，使转角结合牢固，厚度约 3～6mm。

（4）抹中层灰：待底灰约七成干，用铁抹子轻敲有整体声时，即可抹中层灰。用铁抹子横着灰板条方向涂抹，然后用软刮尺横着板条方向找平。

3.2.3 混凝土顶棚抹白灰砂浆

（1）基层处理、弹线找规矩。操作方法同前。

（2）抹底层灰：宜采用1∶0.5∶1水泥石灰膏砂浆或1∶2∶4水泥纸筋灰砂浆。其他操作方法同混凝土顶棚抹水泥砂浆。

（3）抹中层灰：底层灰完成后，应继续抹1∶3∶9水泥混合砂浆，如底灰吸水较快应及时洒水。施工时应先抹顶棚四周。周边找平，再抹大面，灰层厚度为7～9mm。抹完后，用刮尺刮平，木抹子搓平。

3.2.4 钢板网顶棚抹灰

1. 施工准备

（1）必须先检查水、电、管、灯饰等安装工作是否竣工。

（2）结构基体是否有足够刚度；当有动荷载时结构基体有否颤动（民用建筑最简单检验方法是多人同时在结构上集中跳动），如有颤动，易使抹灰层开裂或剥落，宜进行结构加固或采用其他顶棚装饰形式。

（2）钢丝网，整体平整，适当起拱，并拉平、拉紧、钉牢，钢板网接缝设在顶棚搁栅上并相互搭接3～5cm，并经检查合格。

（3）四周墙面已弹好标高基准墨线。

（4）抹灰用的脚手架已经搭好。

2. 施工要点

（1）挂麻根束（一般小型或普通装修的工程不需此工序）：对于大面积厅堂或高级装修的工程，由于其抹灰厚度增加，需在抹灰前在钢板网上挂吊麻根束，做法是先将小束麻根按纵横间距30～40cm绑在网眼下，两端纤维垂直向下，以便在打底的三遍砂浆抹灰过程中，梳理呈放射状，分二遍均匀抹埋进底层砂浆内。

（2）抹底层灰：首先将基体表面清扫干净并湿润，然后用1∶1∶6水泥麻根灰砂抹压第一遍灰，厚度约3mm，应将砂浆压入网眼内，形成转脚达到结合牢固。随即抹第二遍灰，厚度约为5mm（均匀抹埋第一次长麻根），待第二遍灰约六、七成干时，再抹第三遍找平层灰（完成均匀抹埋第二次长麻根），厚度约3～5mm，要求刮平压实。

（3）抹底层灰：底层灰用麻刀灰砂浆，体积比：麻刀灰：砂＝1：2。用铁抹子将麻刀灰砂浆压入金属网眼内，形成转角。

1）底层灰第一遍厚度4～6mm，将每个麻束的1/3分成燕尾形，均匀粘嵌入砂浆内。

2）在第一遍底层灰凝结而尚未完全收水时，拉线贴灰饼，灰饼的间距800mm。

3）用同样方法刮抹第二遍，厚度同第一遍，再将麻束的1/3粘在砂浆上。

4）用同样方法抹第三遍底层灰，将剩余的麻丝均匀地粘在砂浆上。

5）底层抹灰分三遍成活，总厚度控制在15mm左右。

（4）抹中层灰：抹中层灰用1：2麻刀灰浆；在底层灰已经凝结而尚未完全收水时，拉线贴灰饼，按灰饼用木抹子抹平，其厚度4～6mm。

3. 安全技术措施

（1）室内抹灰时使用的木凳、金属脚手架等架设应平稳牢固，脚手板跨度不得大于2m，架上堆放材料不得过于集中，在同一跨度的脚手板内不应超过两人同时作业。

（2）不准在门窗、洗脸池等器物上搭设脚手板。阳台部位粉刷，外侧没有脚手架时，必须挂设安全网。

（3）使用砂浆搅拌机搅拌砂浆，往拌筒内投料时，拌叶转动时不得用脚踩或用铁铲、木棒等工具拨刮筒口的砂浆或材料。

（4）机械喷灰喷涂应戴防护用品，压力表、安全阀应灵敏可靠、输浆管各部接口应拧紧卡牢。管路摆放顺直，避免折弯。

（5）输浆应严格按照规定压力进行，超压和管道堵塞，应卸压检修。

4. 成品保护

（1）推小车或搬运物料时，要注意不要碰撞墙角、门框等。压尺和铁铲等工具不要靠在刚完成的墙面抹灰层上。

（2）拆除脚手架时要注意慢拆轻放，不要撞坏门窗和墙面。

（3）要保护好墙上已安装的门窗及其他配件、窗帘钩（罩）、电线槽盒等室内设施，要及时清理砂浆污染。

（4）抹灰层凝结硬化前应防止水冲、撞击、振动和挤压。

（5）要保护好地漏、粪管等处不被堵塞。

3.3 楼梯踏步抹灰

室内楼层踏步，常用踏步面层采用水泥砂浆、水磨石（整体水磨石或预制水磨石板块）材料铺设而成。亦有采用大理石、花岗石和砖（缸砖、陶瓷地砖、水泥花砖）等板块材料铺设而成。

3.3.1 材料及工具

底子灰用1∶3水泥砂浆厚度1.5cm，罩面用1∶2水泥砂浆厚度8mm。

使用工具：钢皮抹子、木抹子、靠尺、阴阳角抹子。

3.3.2 施工要点

1. 抹灰顺序

楼梯抹灰前，除将楼梯踏步、栏板等基体清理刷净外，还要将设置钢或木栏杆、扶手等预埋件用细石混凝土灌实。然后根据休息平台的水平线（标高）和楼面标高，按上下两头踏步口，在楼梯侧面墙上和栏板上弹一道踏级分步标准线。抹灰时，将踏步角对在斜线上，或者弹出踏步的宽度与高度再铺抹。

（1）楼梯踏步的高度，应以楼梯间结构层的标高结合楼梯上、下级踏步与平台、走道连接处面层的做法进行划分，以使铺设后每级踏步的高度与上一级踏步和下一级踏步的高度差不应大于 10mm。

（2）楼梯踏步面施工前，应在楼梯一侧墙面上画出各个踏步做面层后的高宽尺寸及形状，或按每个梯段的上、下两头踏步口画一斜线作为分步标准，如图 3-5 所示。

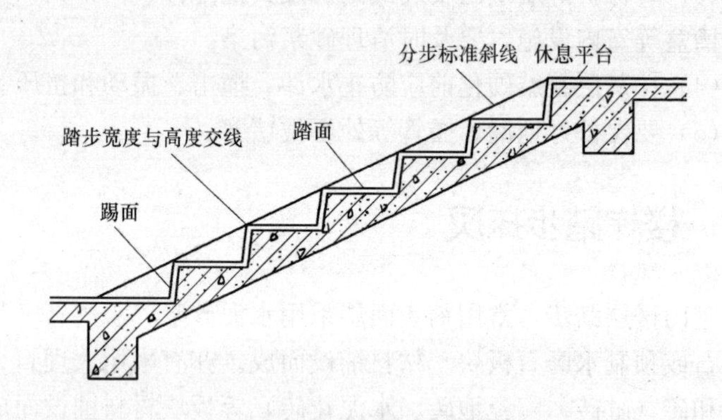

图 3-5　画斜线作为分步标准示意图

（3）楼梯踏步面层的施工与相应的面层基本相同，每个踏步宜先抹立面（踢面）后再抹平面（踏面）。楼梯踏步面层应自上而下进行施工。

2. 水泥砂浆楼梯踏步抹灰

（1）清扫基层，洒水润湿，根据休息平台水平线按上下两头踏步口弹一斜线作为分步标准，操作时踏步角对在斜线上，最好弹出踏步的宽度和高度后再操作，浇水湿润，扫水泥浆一道，随即抹 1∶3 水泥砂浆（体积比）底子灰，厚约 15mm。

（2）抹立面（踢面）时，先抹立面（踢板），再抹平面（踏板），由上往下抹，抹立面时用八字尺压在上面，按尺寸留出灰口，依八字尺用木抹子搓平，靠尺应先压在上面，并按尺寸留出灰口，依着靠尺用木抹搓平，如图 3-6（*a*）所示；再把靠尺支在立面上抹平面，依着靠尺用木抹搓平，如图 3-6（*b*）所示，并做出棱角，把底子灰划麻，次日罩面。

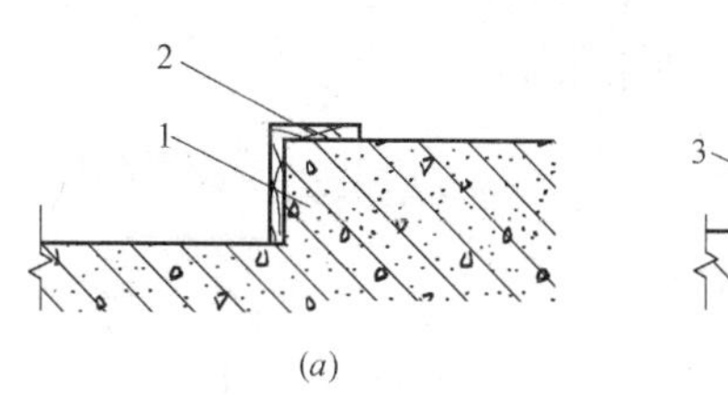

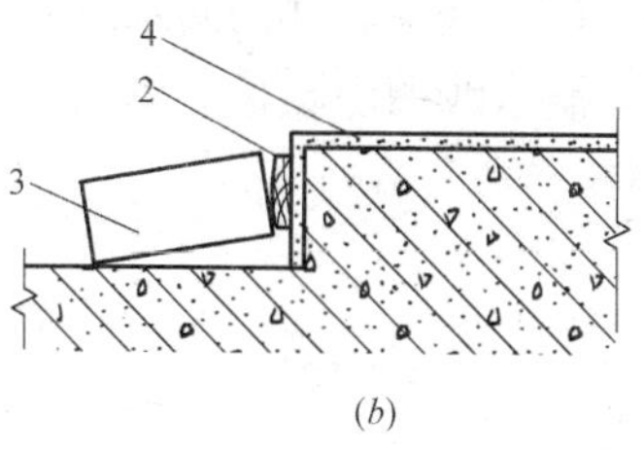

图 3-6　楼梯踏步抹面步骤

(a) 抹面步骤一；(b) 抹面步骤二

1—楼梯踏步；2—八字尺；3—临时固定靠尺用砖；4—罩面灰

（3）罩面灰宜采用 1∶（2～2.5）水泥砂浆（体积比），厚 8mm。应根据砂浆干湿情况先抹出几步，再返上去压光，并用阴、阳角抹子将阴、阳角捋光，24h 后开始浇水养护，一般是一周左右，在未达到强度前严禁上人。

（4）施工（安装）后应铺设木板保护，7d 内不准上人，14d 内不准运输材料等重物。

（5）楼梯踏步面层未验收前，应严加保护，以防碰坏或撞掉踏步边角。

3. 防滑条铺设

水磨石面层常做水泥钢屑防滑条，踏步的防滑条，在罩面时一般在踏步口进出约 4cm 粘上宽 2cm 厚 7mm 的米厘条。米厘条事先用水泡透，小口朝下用素灰贴上，把罩面灰与米厘条抹成一平面，达到强度后取出米厘条，再在槽内填 1∶1.5 水泥金刚砂浆，高出踏脚 4mm，用圆角阳角抹子捋实，捋光，再用小刷子将金刚砂粒刷出。

防滑条的另一种做法是在抹完罩面灰后，立即用一刻槽尺板把防滑条位置的罩面灰挖掉来代替米厘条。还可用预制的水泥钢屑防滑条，用素水泥浆粘结埋入槽内。

4. 楼梯细部抹灰

（1）楼梯踏步下砌墙时，墙与踏步板侧面不得平齐，以免界限不清和墙面流水污染，如图 3-7 所示。

（2）楼梯底部的滴水线阴、阳角顺直，无缺棱掉角和毛刺现象，滴水线槽内颜色应用黑色油漆涂刷。

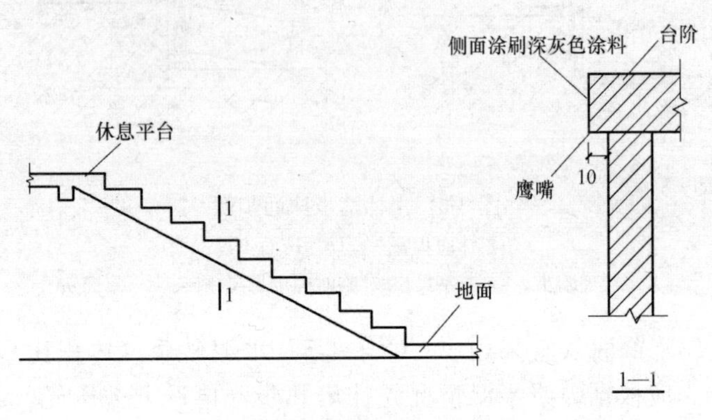

图 3-7　楼梯踏步下砌墙构造

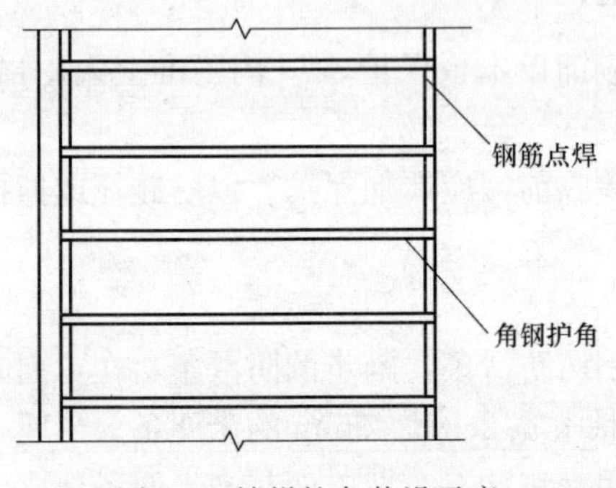

图 3-8　楼梯护角装设示意

（3）做好楼梯踏步板的成品保护，楼梯抹完后，要求用废旧角钢护角，保证楼梯踏步的完好。楼梯踏步严禁做成外高内低现象，如图 3-8。

（4）楼梯踏步未做挡水处理时，应在其下边缘做滴水线。滴水线应沿踏步板、平台底贯穿，楼梯段下端抹 35mm 宽，7mm 厚的水泥砂浆滴水线，棱角要整齐，不得出现毛槎。做滴水线处理的楼梯板和平台侧面及滴水线应刷成深色油漆。楼梯段底部与楼梯梁交接处，应先抹楼梯梁侧面，再抹楼梯梁底面，保证相交在一条直线上，如图 3-9 所示。

顶层休息平台梁底也应做滴水线，其滴水线与楼梯段滴水线贯通，平台梁侧面刷深色油漆。

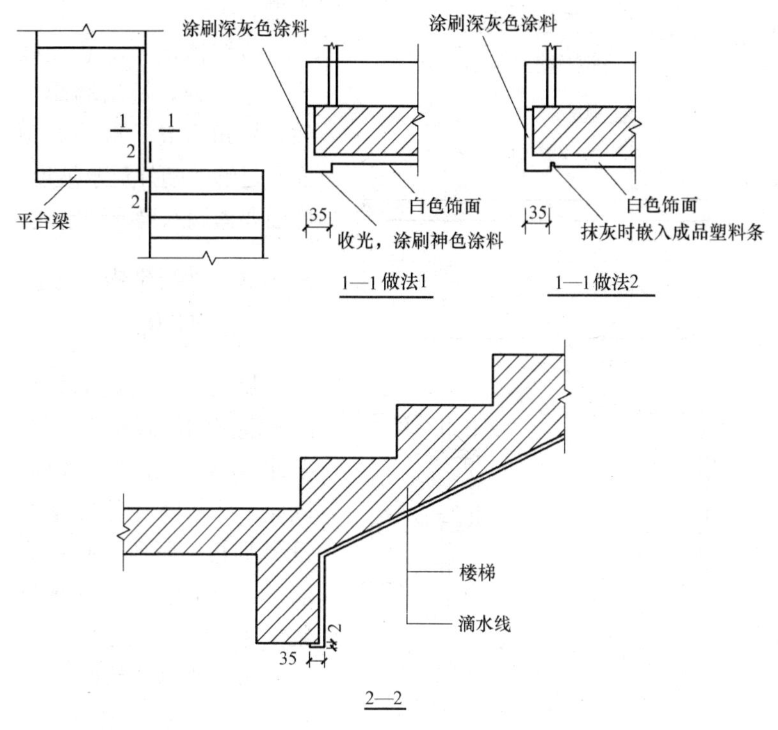

图 3-9　楼梯滴水线及相交线抹灰

3.4　细部基层抹灰

3.4.1　腰线抹灰

腰线是墙面水平方向，凸出抹灰层的装饰线。可分平墙腰线与出墙腰线两种，如图 3-10 所示。

平墙腰线是在外墙抹灰完成后，在设计部位用水泥砂浆分层抹成凸出墙 7～8mm 的水泥砂浆带，刮平、切齐边口即可。

出墙腰线是结构上挑出墙面的腰线，抹灰方法与压顶抹灰相同。如腰线带窗过梁，窗天盘抹灰与腰线抹灰一起完成，并做滴

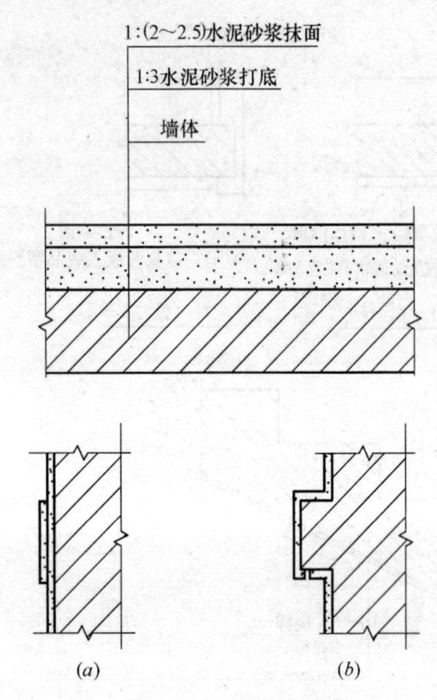

图 3-10　腰线示意图
（a）平墙腰线；（b）出墙腰线

水槽。

腰线抹灰要注意使腰线宽厚一致，挑出墙距一致，棱角方正、顺直，顶面有足够的朝外泛水坡度，底面要做滴水槽或滴水线。

3.4.2　踢脚板（线）抹灰

厨房、厕所的墙脚等经常潮湿和易碰撞的部位，要求防水、防潮、坚硬。因此，抹灰时往往在室内设踢脚板，厕所、厨房设墙裙。通常用 1∶3 水泥砂浆抹底、中层，用 1∶2 或 1∶2.5 水泥砂浆抹面层。

抹灰时根据墙的水平基线用墨斗子或粉线包弹出踢脚板、墙裙或勒脚高度尺寸水平线，并根据墙面抹灰大致厚度，决定勒脚板的厚度。凡阳角处，用方尺规方，最好在阳角处弹上直角线。

规矩找好后，将基层处理干净，浇水湿润，按弹好的水平线，将八字靠尺板粘嵌在上口，靠尺板表面正好是踢脚板的抹灰面，用 1∶3 水泥砂浆抹底层、中层、再用木抹子搓平、扫毛、浇水养护。待底、中层砂浆六七成干时，就应进行面层抹灰。面层用 1∶2.5 水泥砂浆先薄刮一遍，再抹第二遍，先抹平八字靠尺、搓平、压光，然后起下八字靠尺，用小阳角抹子捋光上口，再用压子压光。

踢脚：水泥砂浆踢脚厚度一般为 8mm；面砖、石材踢脚厚度为 8～12mm，踢脚线设计无要求时，其高度一般为 120mm 或

150mm，上口要光滑，四周应交圈，阳角部位宜割角镶贴；目前石材踢脚超厚现象比较严重，为控制踢脚超厚，在墙面抹灰时预留出踢脚位置或选用与石材同颜色面砖镶贴做踢脚。

水泥砂浆踢脚线最后交工前统一用相近颜色涂料涂刷一遍，注意要采取防止污染墙面与地面的措施。

3.4.3 滴水线（槽）抹灰

在抹檐口、窗台、窗楣、阳台、雨篷、压顶和突出墙面的腰线以及装饰凸线时，应将其上面做成向外的流水坡度，严禁出现倒坡。下面做滴水线（槽）。窗台上面的抹灰层应深入窗框下坎裁口内，堵塞密实，流水坡度及滴水线（槽）距外表面不小于4cm，滴水线深度和宽度一般不小于10mm，并应保证其流水坡度方向正确，做法如图3-11所示。抹滴水线（槽）应先抹立面，后抹顶面，再抹底面。分格条在底面灰层抹好后即可拆除。采用“隔夜”拆条法时，需待抹灰砂浆达到适当强度后方可拆除。

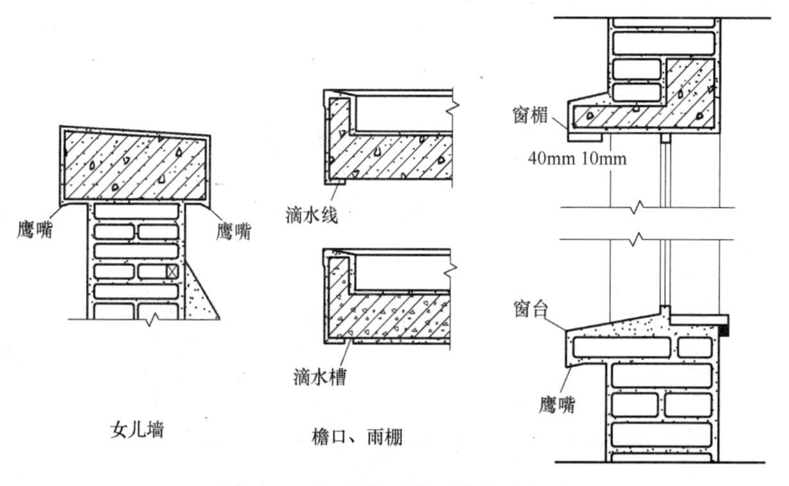

图3-11　滴水线（槽）做法示意图

外墙窗台、窗楣、雨篷、阳台、压顶和突出腰线等，上面应做流水坡度，下面应做滴水线或滴水槽，滴水槽的深度和宽度均不应小于 10mm，并整齐顺直，滴水线应内高外低，如图 3-12 所示。

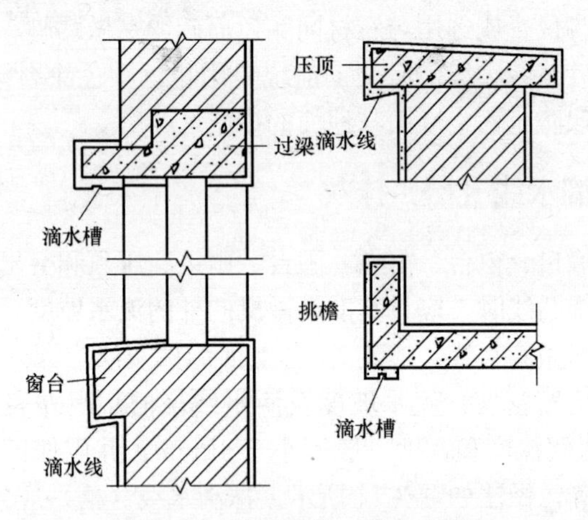

图 3-12　流水坡度、滴水线槽

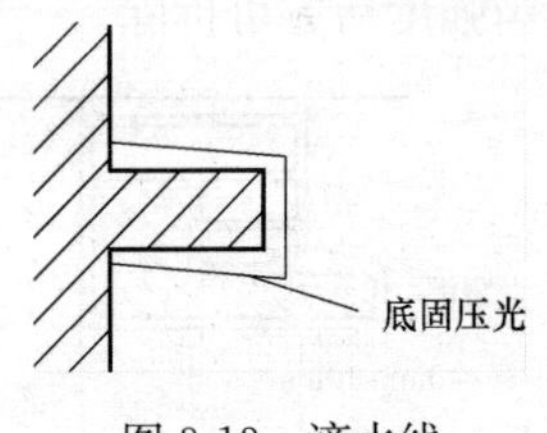

图 3-13　滴水线

室外横向装饰线突出墙面 6cm 以内者（如窗套、压顶、腰线等）上面均做流水坡度，下面均做滴水线，如图 3-13 所示。

室外突出墙面超过 6cm 者（如雨篷、挑檐、阳台、遮阳板等）上面做成流水坡度，下面做成滴水槽，如图 3-14 所示。

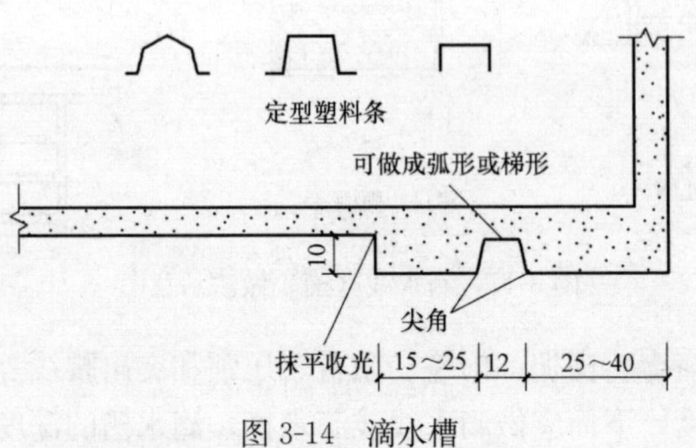

图 3-14　滴水槽

窗楣部位必须做滴水槽，滴水槽宜用深色铝合金条或塑料条（可不取出），不宜用预埋木条，再取出的方法。如图 3-15 和图 3-16 所示。

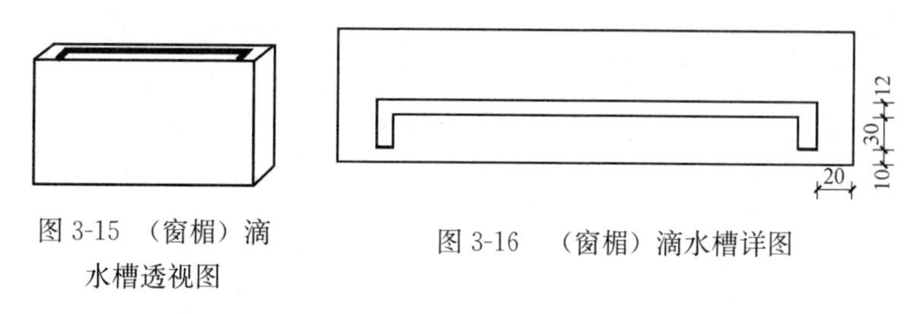

图 3-15 （窗楣）滴水槽透视图

图 3-16 （窗楣）滴水槽详图

建筑物外露明梁的底面要做滴水处理，采用滴水线时，滴水线宽 50mm，厚 10mm。采用鹰嘴时，鹰嘴坡度不宜太小，边缘要尖锐，如图 3-17 所示。

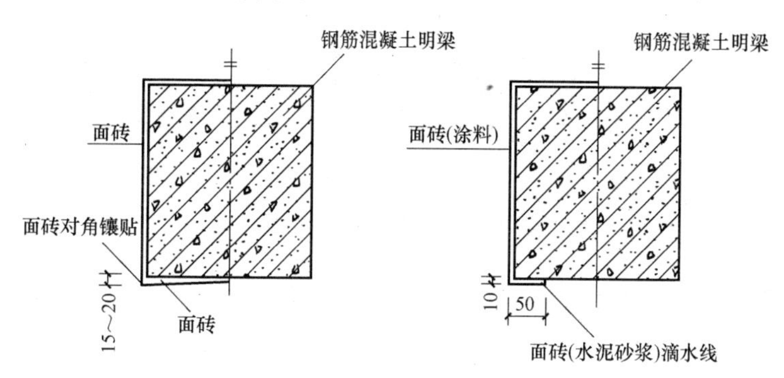

图 3-17 明梁滴水节点图

3.4.4 窗套及窗台抹灰

1. 窗套抹灰

窗套抹灰是指沿窗洞的侧边和天盘底（如无挑出窗台要包括窗台），用水泥砂浆抹出凸出墙面的围边，如图 3-18 所示。

窗套抹灰要在墙面抹灰完工后进行，如外墙为水泥混合砂浆，抹面时要将该部位留出，并用 1∶3 水泥砂浆打底。再沿窗洞靠尺，压光外立面，用捋角器捋出侧边立角的圆角，切齐外口

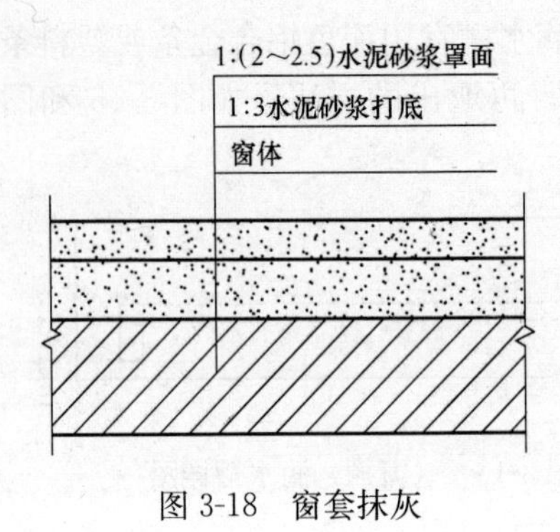

图 3-18　窗套抹灰

并压密实。侧边要求兜方窗框子并垂直于窗框，围边大小一致，棱角方正，边口顺直。

室内阳角均做 90°角 1∶2 水泥砂浆护角，门窗洞口一侧（小面）均用水泥砂浆抹面压光，木门窗与立墙交接处先用水泥砂浆掺适量的麻丝嵌缝密实，两天后再打底抹灰，如图 3-19 所示。水泥砂浆内窗台做法，如图 3-20 所示。

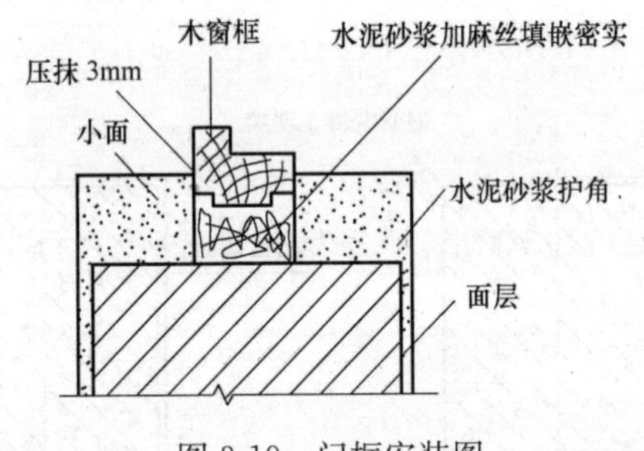

图 3-19　门框安装图

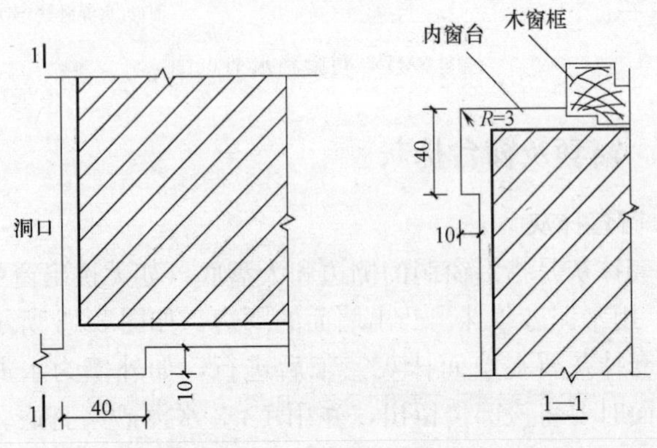

图 3-20　窗台平面图

2. 外窗台抹灰

窗台的操作难度较大，一个窗台有五个面、八个角，一条凹档，一条滴水线或滴水槽，其质量要求较高，表面应平整光洁，棱角清晰，与相邻窗台的高度进出要一致，横竖都要成一条线，排水流畅，不渗水，不湿墙。

窗台抹灰时，应先将窗台基层清理干净，并应将松动的砖或砌块重新补砌好，再将砖或砌块灰缝划深 10mm，并浇水润湿，然后用 C15 细石混凝土铺实，且厚度应大于 25mm。24h 后，应先采用界面砂浆抹一遍，厚度应为 2mm，然后再抹 M20 水泥砂浆面层。

抹灰前应检查窗台的平整度，以及与左右上下相邻窗台的关系。窗台与窗框下坎的距离是否满足要求。再清理基体洒水润湿，用水泥砂浆嵌入窗下冒头 10～15mm 左右深，间隙填嵌密实。

拉出水平和竖直通线，使水平相邻窗台的高度及同一轴线上下窗肩架尺寸统一起来。

按已找出的窗台水平高度与肩架长短标志，上靠尺抹底灰，使窗台棱角基本成形，窗台面呈向外泛水。隔夜后，先用水泥浆窝嵌底面滴水槽的分格条，分格条 10mm×10mm，窝嵌距离为离抹灰面 20mm 处。随即将窗台两端头面抹上水泥砂浆，压上靠尺抹正立面砂浆，刮平后翻转靠尺，抹底面砂浆，抹平分格条，刮平后初步压光。再翻靠尺抹平面砂浆，做到窗台向外 20mm 的泛水坡。

抹灰层收水凝结，压上靠尺用木抹子磨面并压光。作业顺序为先立面，再底面，后平面。用捋角器捋出窗台上口圆角，切齐两端面。使窗台肩架垂直方正、立角整齐、大小一致。最后取出底面分格条，用钢皮抹子整理抹面，成活。

外窗台正确做法，如图 3-21 和图 3-22 所示，错误做法，如图 3-23 所示。

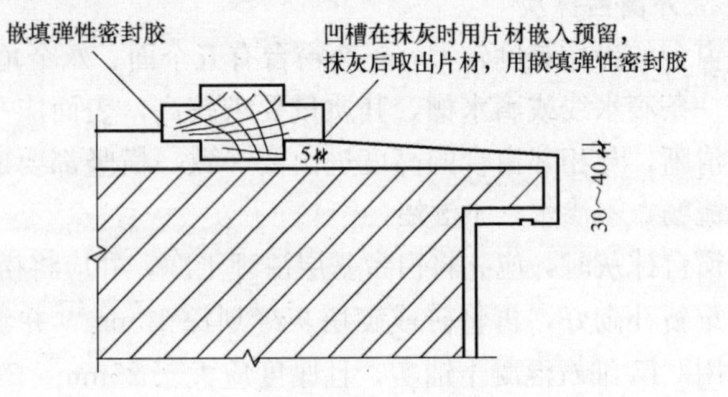

图 3-21　外窗台（阳台）剖面图

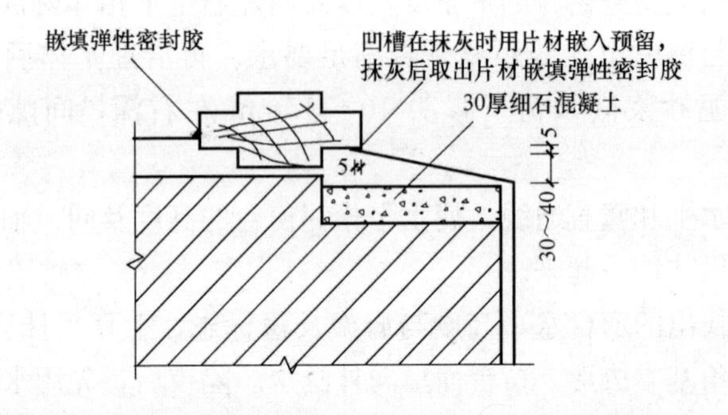

图 3-22　外窗台（阳台）剖面图

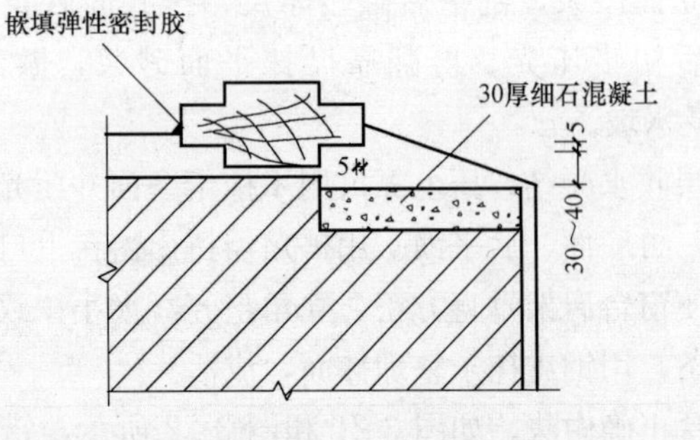

图 3-23　外窗台错误做法剖面图

3. 内窗台

方法同外窗台一样。内窗台抹灰平整，窗台两端抹灰要超过窗口 6cm，由窗台上皮往下抹 4cm。

3.4.5 阳台抹灰

阳台抹灰是室外装饰的重要部分，外装饰时，阳台要从上至下吊垂线和每层找平线，保证各层阳台饰面、阳角、横平竖直。阳台上外挑排水管，从下至上逐层增加 2cm，并设置在一条垂直线上。（仅适用于多层住宅）

（1）清理基层：把混凝土基层清扫干净并用水冲洗，用钢丝刷子将基层刷到露出混凝土新槎。

（2）找规矩：由最上层阳台突出阳角及靠墙阴角往下挂垂线，找出上下各层阳台进出误差及左右垂直误差，以大多数阳台进出及左右边线为依据，误差小的，可以上下左右顺一下，误差太大的，要进行必要的结构处理。

对于各相邻阳台要拉水平通线，对于进出及高低差太大的也要进行处理。

（3）抹灰：根据找好的规矩，确定各部位大致抹灰厚度，再逐层逐个找好规矩，做灰饼抹灰。最上层两头最外边两个抹好后，以下都以这两个挂线为准做灰饼。抹灰还应注意排水坡度方向，要顺向阳台两侧的排水孔，不要抹成倒流水。

（4）阳台底面抹灰与顶棚抹灰相同。清理基体（层）、湿润、刷素水泥浆、分层抹底层，中层水泥砂浆，面层有抹纸筋灰的，也有刷白灰水的。阳台上面用 1∶3 水泥砂浆做面层抹灰。

（5）阳台挑梁和阳台梁，也要按规矩抹灰，高低进出要整齐一致，棱角清晰。

3.4.6 挑檐抹灰

挑檐是指天沟、遮阳板、雨篷等挑出墙面用作挡雨、避阳的结构物。操作方法：

（1）清理基体：基层洒水后压上靠尺用 1∶3 水泥砂浆对立面打底，挂落线边口灰。底面用 1∶1∶3 水泥混合砂浆作底灰。抹底面时边口处留出 50～60mm 宽度。

（2）隔夜后，进行面层抹灰。在底面距立面抹灰面 60mm 处弹线，依线嵌挂落线分格条，挂落线分格条厚度大于 10mm。

（3）靠直边口压上靠尺，抹立面面层。稍收水后，刮平立面，使立面垂直，翻转靠尺紧贴立面下口，使靠尺略低于分格条，抹上底面后使挂线呈勾脚状平面，刮平表面后压光，如图 3-24 所示。

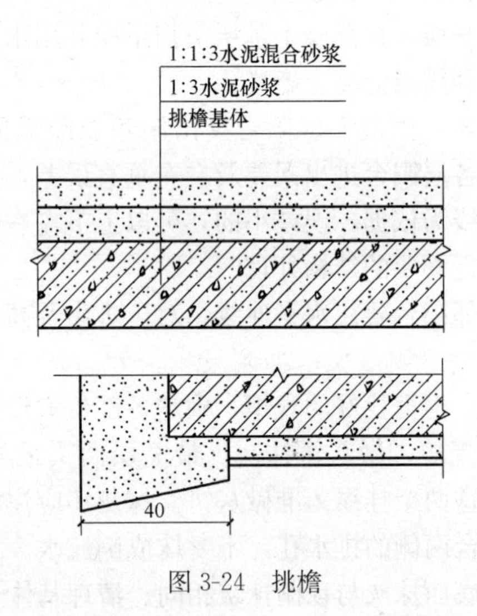

图 3-24　挑檐

（4）翻转靠尺，紧贴立面上口，抹顶面砂浆，先在顶面洒水，随即进行抹灰，搓平，并使靠墙边及中间高于外边呈向三面泛水。并在边口处洒干水泥吸水。

（5）稍等一会，刮去边口，用木抹子磨边口并压光，翻转靠尺，压光底面挂落线，用短刮尺紧托底面边口，用钢皮抹子压光立面和下口，用捋角器捋出上口圆角。对已收水的顶层用木抹子磨面，压光顶面。整理立面抹纹，整修立角。去掉挂落线的分格条。

(6) 修补挂落线里口石灰砂浆面层。隔夜后，对底面石灰砂浆洒水罩面、压光、成活。

3.4.7 压顶抹灰

压顶是指墙顶端起遮盖墙体、防止雨水沿墙流淌的挑出部分，多用于女儿墙顶现浇的混凝土板带。压顶要求表面平整光洁，棱角清晰，水平成线，突出一致。因此抹灰前一定要拉水平通线，对于高低出进各部位不上线的要凿掉或补齐。但因其两面檐口，在抹灰时一面要做流水坡度，两面都要设滴水线。

压顶抹灰一般采用 1∶3 水泥砂浆打底，1∶2～2.5 水泥砂浆抹面。

压顶抹灰的做法：拉通线找出顶立面和顶面的抹灰厚度，做出灰饼标志。抹灰时需两人配合，里外相对操作。洒水后上靠尺抹底灰，底灰要将基体全部覆盖。厚、薄，挑口进出要基本一致。待砂浆收水后划麻，隔夜后抹面层。在底面弹线窝嵌滴水槽分格条，按拉线面。稍待片刻，表面收水后，用靠尺紧托底面边口，用钢皮抹子压光立面和下口。用捋角器将上口捋成圆角，撬出底面分格条，整理表面，成活。

压顶要做成泛水，一般女儿墙压顶泛水朝里，以免压顶积灰，遇雨水沿女儿墙向外流淌，污染墙面。压顶泛水坡度宜在 10%以上，坡向里面，如图 3-25 所示。

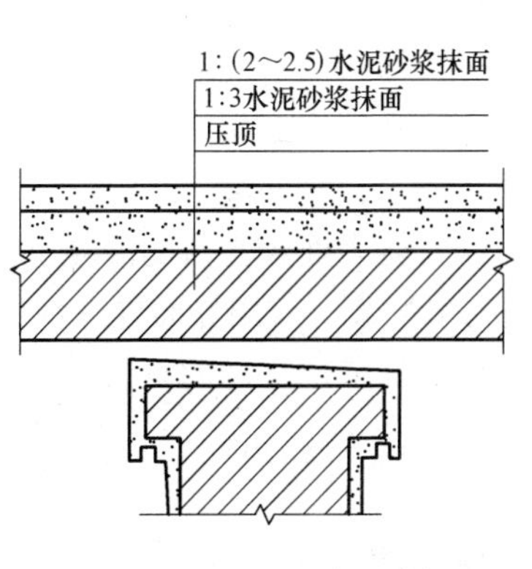

图 3-25　压顶泛水示意图

如不采用嵌条滴水槽方法，压顶底面抹面层应做鹰嘴滴水线，即向里勾脚 5mm 以上。

4 基层修补

4.1 地面基层修补

4.1.1 地面抹灰层空鼓

1. 现象

抹灰层空鼓表现为面层与基层，或基层与底层不同程度的空鼓。

2. 原因分析

（1）底层与基层未处理，或处理不认真，清理不干净，或抹灰面未浇水，浇水量不足、不均匀。

（2）抹灰层表面过分光滑，又未采取技术措施处理。

（3）抹灰层之间的材料强度差异过大。

3. 防治措施

（1）抹灰前对混凝土表面凸出较大的部分要凿平。

（2）必须将底层、基层表面清理干净，并于施工前一天将准备抹灰的面浇水润湿。

（3）对表面较光滑的混凝土表面，抹底灰前应先凿毛，或掺108胶水泥浆，或用界面处理剂处理。

（4）抹灰层之间的材料强度要接近。

4.1.2 地面起砂

1. 现象

地面表面粗糙，不坚固，使用后表面出现水泥灰粉，随走动次数增多，砂粒逐步松动，露出松散的砂子和水泥灰。

2. 原因分析

（1）使用的水泥强度等级低或水泥过期，受潮结块；砂子过细，砂子含泥量大。

（2）施工时水泥拌合物加水过多，大大降低了面层强度。

（3）压实抹光时间掌握不准。压光过早，表面还有浮浆，降低了面层的强度和耐磨性；压光过迟，水泥已终凝硬化，会破坏表面已形成的结构组织，也降低面层的强度和耐磨能力。

（4）地面完成后不养护或养护时间不足。过早浇水养护，也会导致面层脱皮，砂粒外露，使用后起砂。

（5）地面未达到足够强度就上人或堆放重物。

（6）地面在冬期施工时，面层受冻，致使面层酥松。

3. 防治措施

（1）严格控制水灰比，用水泥砂浆作面层时，稠度不应大于35mm，如果用混凝土作面层，其坍落度不应大于30mm。

（2）水泥地面的压光一般为三遍：

第一遍应随铺随拍实，抹平。

第二遍压光应在水泥初凝后进行（以人踩上去有脚印但不下陷为宜）。

第三遍压光要在水泥终凝前完成（以人踩上去脚印不明显为宜）。

（3）面层压光24h后，可用湿锯末或草帘子覆盖，每天洒水2次，养护不少于7d。

（4）面层完成后应避免过早上人走动或堆放重物，严禁在地面上直接搅拌或倾倒砂浆。

（5）水泥宜采用硅酸盐水泥和普通硅酸盐水泥，强度等级不小于32.5，严禁使用过期水泥或将不同品种、标号的水泥混用；砂子应用粗砂或中砂，含泥量不大于3%。

（6）小面积起砂且不严重时，可用磨石子机或手工将起砂部分水磨，磨至露出坚硬表面。也可把松散的水泥灰和砂子冲洗干净，铺刮纯水泥浆1～2mm，然后分三遍压光。

（7）对严重起砂的地面，应把面层铲除后，重新铺设水泥砂浆面层。

4.2 墙柱面基层修补

4.2.1 外墙抹灰开裂、空鼓，甚至脱落

1. 现象

抹灰面层出现开裂、空鼓，甚至脱落。

2. 原因分析

（1）抹灰层与基层粘结不够牢固导致脱层、空鼓、开裂。

（2）基层干燥，抹上的砂浆层由于基层大量吸收砂浆水分，形成砂浆过早失水导致干燥开裂、空鼓。

（3）抹灰过厚，没有按技术要求分层抹灰，砂浆层由于内湿外干而引起表面干缩裂缝。

（4）外窗台、腰线、外挑板等部位没有进行特殊处理。

3. 防治措施

（1）刮糙不少于两遍，每遍厚度宜为7～8mm，但不应超过10mm。

（2）外墙抹灰用砂含泥量应低于2%，细度模数不小于2.5。严禁使用石粉和混合粉。

（3）混凝土或烧结砖基体上的刮糙层应为1∶3水泥防水砂浆，轻质砌体上宜为1∶1∶6防水混合砂浆。

（4）每一遍抹灰前，必须对前一遍的抹灰质量（空鼓、裂缝）检查处理（空鼓应重粉，只裂不空应用水泥素浆封闭）后才进行；两层间的间距时间不应少于2～7d，达到冬季施工条件时，不应进行外墙抹灰施工，各抹灰层接缝位置应错开，并应设置在混凝土梁、柱中部。

（5）抹灰层总厚度≥35mm且≤50mm（含基层修补厚度）时，必须采用挂大孔钢丝网片的措施，且固定网片的固定件锚入

混凝土基体的深度不应小于 25mm，其他基体的深度不小于 50mm；抹灰层总厚度超过 50mm 时，应由设计单位提出加强措施。

（6）外窗台、腰线、外挑板等部位必须粉出不小于 2%的排水坡度，且靠墙体根部处应粉成圆角；滴水线宽度应为 15－25mm，厚度不小于 12mm，且应粉成鹰嘴式。

4.2.2 内墙抹灰粘结不牢、空鼓、开裂

1. 现象

抹灰面层出现开裂、空鼓，甚至脱落。

2. 原因分析

（1）抹灰层与基层粘结不够牢固导致脱层、空鼓、开裂。

（2）基层干燥，抹上的砂浆层由于基层大量吸收砂浆水分，形成砂浆过早失水导致干燥开裂、空鼓。

（3）抹灰过厚，没有按技术要求分层抹灰，砂浆层由于内湿外干而引起表面干缩裂缝。

（4）砌块与钢筋混凝土构件的接缝处以及砌块墙面开槽走线的地方没有进行特殊处理。

3. 防治措施

（1）墙身抹灰的基层应用素水泥浆（水泥细砂浆）刷（喷）毛，并进行湿润养护；也可采用具有较强粘结力和封水性能好的聚合物水泥浆作界面剂（素水泥浆，内掺水重 3%～5%白乳胶），界面剂处理后，随即进行底层砂浆抹灰。

（2）采用具有较强粘结力和封水性能好的聚合物水泥浆作界面剂，防止基层过快吸收水分。

（3）应分层抹灰，以消除抹灰面表层的干缩裂缝。

（4）砌块与钢筋混凝土构件的接缝处以及砌块墙面开槽走线的地方应用 1∶1 水泥砂浆（内掺水重 20% 的自乳胶）粘贴耐碱玻璃纤维网格布（或钢丝网），作防止开裂措施处理。

4.2.3 抹灰层裂缝

1. 现象

抹灰层裂缝是指非结构性面层的各种裂缝，墙、柱表面的不规则裂缝、龟裂，窗套侧面的裂缝等。

2. 原因分析

（1）抹灰材质不符合要求，主要是水泥强度或安定性差，砂子含粉尘，含泥量过大或砂粒径过细。

（2）一次抹灰太厚或各层抹灰间隔时间太短，或表面撒干水泥等而引起收缩裂缝。

（3）基层由两种以上的材料组合的拼接部位处理不当或温差而引起裂缝。

3. 防治措施

（1）抹灰用的材料必须符合质量要求，例如水泥的强度与安定性应符合标准；砂不能过细，宜采用中砂，含泥量不大于3%；白灰要熟透，过滤要认真。

（2）基层要分层抹灰，一次抹灰不能厚；各层抹灰间隔时间要视材料与气温不同而合理选定。

（3）为防止窗台中间或窗角裂缝，一般可在底层窗台设一道钢筋混凝土梁，或设 3ϕ6 的钢筋砖反梁，伸出窗洞各 330mm。

（4）夏季要避免在日光曝晒下进行抹灰，对重要部位与曝晒的部分应在抹灰后的第二天洒水养护 7d。

（5）对基层由两种以上材料组合拼接部位，在抹灰前应视材料情况，采用粘贴胶带纸、布条，或钉钢丝网或留缝嵌条子等方法处理。

（6）对抹灰面积较大的墙、柱、檐口等，要设置分格缝，以防抹灰面积过大而引起收缩裂缝。

4.2.4 抹灰层不平整

1. 现象

抹灰层表面接槎明显，或大面呈波浪形，或明显凹凸不平整。

2. 原因分析

（1）基层刮糙未出柱头（冲筋），或未做塌饼。

（2）抹灰过程中刮尺使用不当，或长度不足（<2m）。

（3）面层抹灰后没有适时找平压光，隔天发现不平整，已无法找平压光（实际上是少一道再找平压光工序）。

3. 防治措施

（1）基层刮糙前应弹线出柱头或做塌饼，如果刮糙厚度过大，应掌握“去高、填低、取中间”的原则，适当调整柱头或塌饼的厚度。

（2）应严格控制基层的平整度，一般可选用大于 2m 的刮尺，操作时使刮尺作上下、左右方向转动，使抹灰面（层）平整度的允许偏差为最小。

（3）纸巾灰墙面，应尽量采用熟化（熟透）的纸巾；抹灰前，须将纸巾灰放入砂浆拌和机中反复搅拌，力求打烂、打细。可先刮一层毛纸巾灰，厚为 15mm 左右，用铁板抹平，吸水后刮衬光纸巾灰，厚为 5～10mm，用铁板反复抹平、压光。

4.2.5 阴阳角不方正

1. 现象

外墙大角、内墙阴角，特别是平顶与墙面的阴角四周不方正；窗台八字角（仿古建筑例外）。

2. 原因分析

（1）房屋主体结构与楼层标高、轴线等几何尺寸不正确，抹灰过程中没有随时用阴、阳角器等质检工具进行检测，未及时纠正偏差。

（2）施工操作程序不规范，不重视阴、阳角应找方的操作要求。

3. 防治措施

（1）抹灰前应在阴阳角处（上部）吊线，以 1.5m 左右相间做塌饼找方，作为粉阴阳角的“基准点”；阳角护角线必须粉成“燕尾形”，其厚度按粉刷要求定，宽度为50～70mm，且小于60°。

（2）阴阳角抹灰过程中，必须以基准点或护角线为标准，并用阴阳角器作辅助操作；阳角抹灰时，两边墙的抹灰材料应与护角线紧密吻合，但不得将角线覆盖。

（3）水泥砂浆粉门窗套，有的可不粉护角线，直接在两边靠直尺找方，但要在砂浆初凝前运用转角抹面的手法，并用阳角器抽光，以预防阳角线不吻合。

（4）平顶粉刷前，应根据弹在墙上的基准线，往上引出平顶四个角的水平基准点，然后拉通线，弹出平顶水平线；以此为标准，对凸出部分应凿掉，对凹进部分应用1∶3水泥砂浆（内掺108胶）先刮平，使平顶大面大致平整，阴角通顺。

5 墙柱面块料镶贴

5.1 内墙贴瓷砖

陶瓷砖是指以黏土、高岭土等为主要原料，加入适量的助溶剂经研磨、烘干、制坯最后经高温烧结而成。主要分为：釉面瓷砖、陶瓷锦砖（也称马赛克）、通体砖、玻化砖、抛光砖、大型陶瓷饰面板等。

适用于宾馆、酒店、医院、影剧院、办公楼、化验楼、图书馆、住宅楼等建筑室内卫生间、厨房的墙面或墙裙满贴法施工的陶瓷砖饰面工程。

5.1.1 一般规定

（1）陶瓷砖粘结砂浆的品种应根据设计要求、施工部位、基层及所用陶瓷砖性能确定。

施工部位分为内墙、外墙、地面及外保温系统等，它们对粘结砂浆的要求也不一样，内墙上粘贴的陶瓷砖，所处环境的温湿度变化幅度不是很大，对粘结砂浆的要求相对低些；而外墙上粘贴的陶瓷砖，所处的环境条件比较恶劣，要能经受得住严寒酷暑及雨水的侵袭，因此对粘结砂浆的要求高于内墙用的粘结砂浆；而在外保温系统上粘贴陶瓷砖，除了能经受得住严寒酷暑及雨水的侵袭，还要求粘结砂浆具有较好的柔韧性，能适应基底的变形。

陶瓷砖的质量差异也很大，有吸水率高的陶质砖，吸水率低的瓷质砖，还有几乎不吸水的玻化砖，所以应针对具体情况选择相匹配的粘结砂浆。

（2）陶瓷砖的粘贴方法及涂层厚度应根据施工要求、陶瓷砖规格和性能、基层等情况确定。陶瓷砖粘结砂浆涂层平均厚度不宜大于 5mm。

陶瓷砖的粘贴方法有单面粘贴法和双面粘贴法，根据施工要求、陶瓷砖种类、基层等情况选择适宜的粘贴方法。表 5-1 给出不同种类陶瓷砖常采用的粘贴方法及涂层厚度，其中涂层厚度为基层质量符合验收标准的情况下粘结砂浆的最佳厚度，供参考。

陶瓷墙地砖的粘贴方法及涂层厚度　　表 5-1

陶瓷墙地砖种类	粘贴方法	涂层厚度(mm)
纸面小面砖	双面粘贴	2～3
纸面马赛克	双面粘贴	2～3
釉面面砖	单面粘贴	2～3
陶瓷面砖(嵌缝)	单面粘贴	2～3
陶瓷地砖	单面粘贴	3～4
大理石、花岗石	双面粘贴	5～7
陶瓦土片(正打)	单面粘贴	3～5
陶瓦土片(反打)	单面粘贴	2～3

（3）粘贴外墙饰面砖时应设置伸缩缝。伸缩缝应采用柔性防水材料嵌填。

（4）天气炎热时，贴砖后应在 24h 内对已贴砖部位采取遮阳措施。

刚贴完砖的部位如过早受阳光照射，会影响陶瓷砖的粘贴质量，降低陶瓷砖与砂浆的粘结强度，所以应在早期采取防护措施。

（5）施工前，施工单位应和砂浆生产单位、监理单位等共同制作样板，并应经拉伸粘结强度检验合格后再施工。

为避免大面积粘贴陶瓷砖后出现拉伸粘结强度不合格造成的损失，施工前应制作样板，经检验拉伸粘结强度合格后方可按所用材料及施工工艺进行施工。

（6）在内墙贴面砖施工之前，应对各种原材料进行复验，并符合下列规定。

1）内墙饰面砖应具有生产厂家的出厂检验报告及产品合格证，并复验合格。

2）粘贴内墙饰面砖所用的水泥、砂、胶合剂等材料，进场应进行复验，合格后方可使用。

3）在内墙贴面砖之前，应对找平层、结合层、粘结层及勾缝、嵌缝所用材料进行试配，经检验合格后方可使用。

4）内墙贴面砖施工之前应做出样板，经建设、监理等单位确认后方可施工。

（7）应合理安排整个工程的施工程序，避免后续工程对饰面造成损坏或污染。

5.1.2　排砖原则及示例

（1）在相邻界面铺贴成品块状饰面板，采用对缝或间隔对缝方式衔接，可以使界面分格有序，工艺美观，如图 5-1 所示。

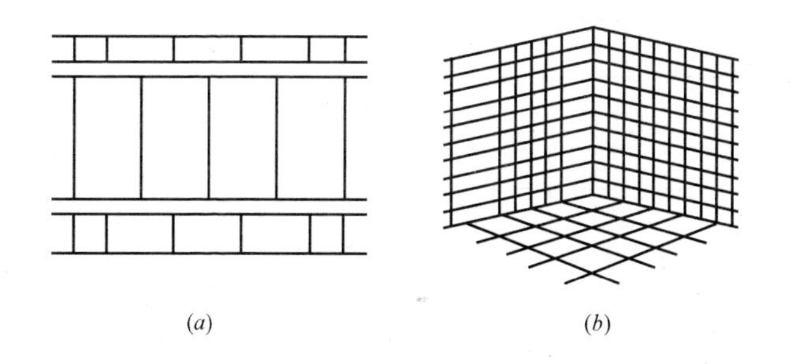

图 5-1　相邻界面铺贴成品块状饰面板示意

（*a*）间隔对缝方式衔接；（*b*）对缝方式衔接

（2）两种不同饰面材料平面对接时，由于材料特性的不同带来裂缝、翘边等隐患，采用离缝、错落或加入第三种材料压边的工艺可避免产生这种情况，同时，也能淡化因对接产生的视觉突兀感，如图 5-2 所示。

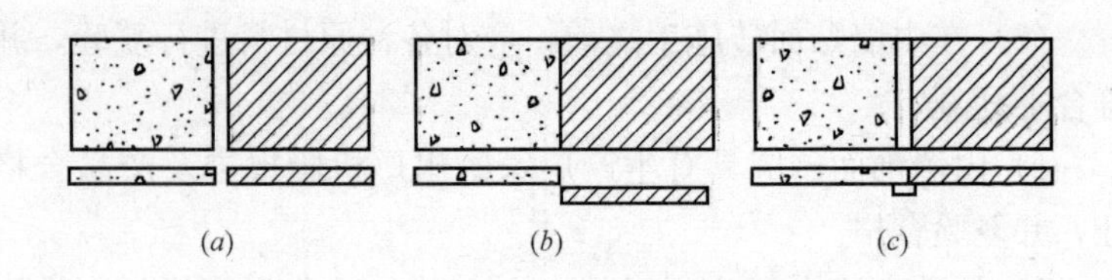

图 5-2　两种不同饰面材料平面对接示意

（*a*）离缝；（*b*）错落；（*c*）加入第三种材料

（3）铺贴饰面材料选择大尺寸为小尺寸的整数倍，大尺寸材料的一条边与小尺寸材料其中的一边对缝，这样处理既便于施工又能使材料的铺贴整齐有序，如图 5-3 所示。在结构施工前能确定面砖规格时，排砖设计出现非整块砖时，可建议适当变更墙体位置或门窗洞口位置及尺寸。

（4）由于装饰装修材料的侧口大多为毛面，在成角度交界处会出毛面暴露的现象，所以宜作细部造型处理，如图 5-4 所示。

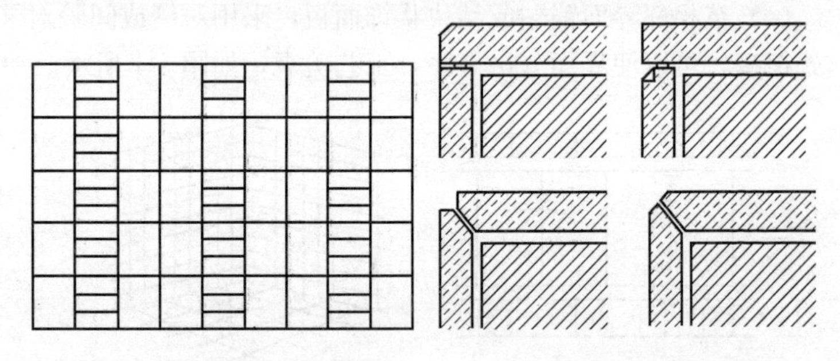

图 5-3　饰面材料大尺寸为小尺寸的整数倍示意

图 5-4　装饰装修材料的侧口造型示意

（5）菱形的块面材料对接，特别是在不同界面上对接，容易出现对缝错位，宜先做好排版图。菱形块面材料对接界面的边部如不进行收口处理就会出现突兀的视觉感受，如图 5-5 所示。

（6）墙、地面的面砖规格相同时，墙、地面砖的缝隙应贯通，不应错缝，规格不相同时不做要求。

（7）面砖预排时，应尽量避免出现非整块现象，如确实无法避免时，应将非整块的面砖排在较隐蔽的阴角部位，如图 5-6～5-8 所示。

如果在一个墙、地面确实出现无法避免的小于 1/2 块的小条砖时，应将一块小条砖加一块整砖的尺寸平均后切成两块大于 1/2 的非整砖排列在两边的阴阳角部位，并且位置要对称。图 5-9 为错误做法。

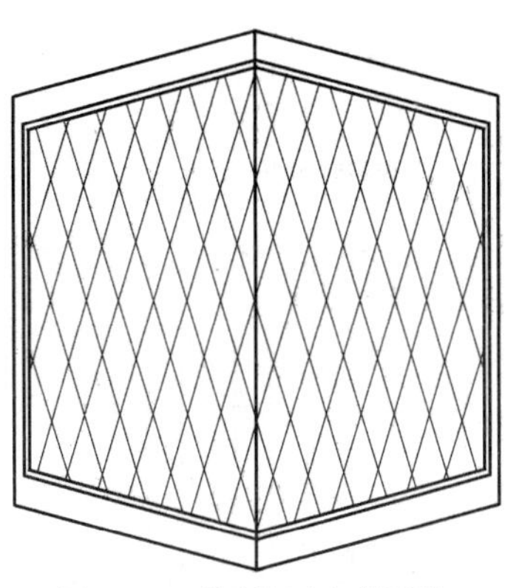

图 5-5　不同界面上菱形块面材料对接的方法示意

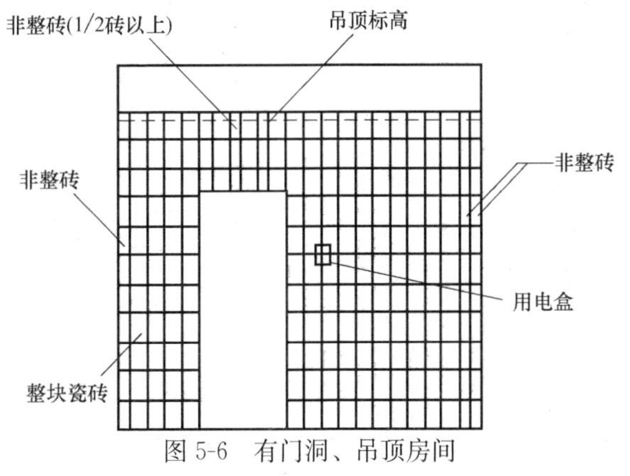

图 5-6　有门洞、吊顶房间

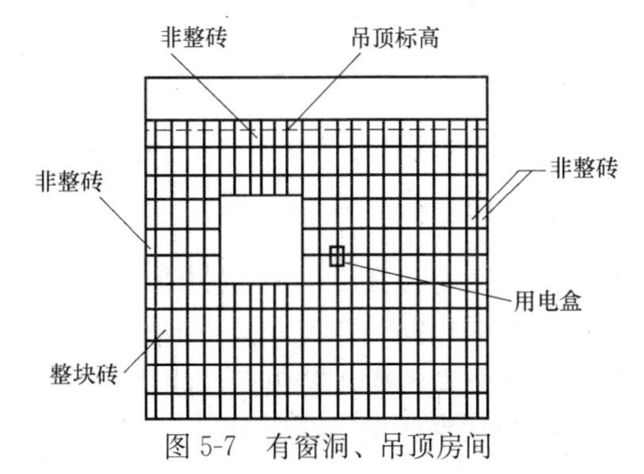

图 5-7　有窗洞、吊顶房间

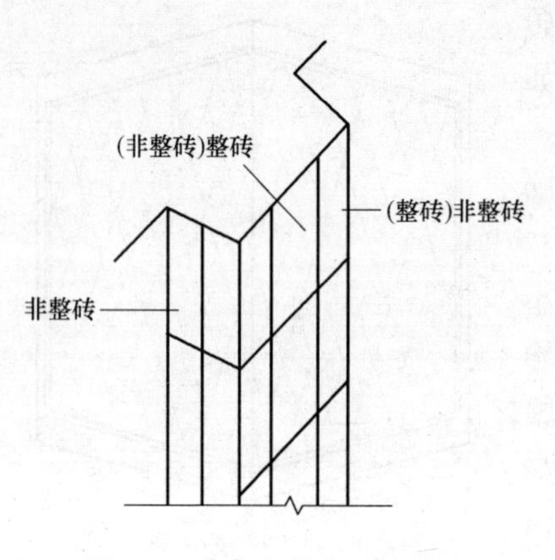

图 5-8　墙面变化处面砖排砖

（8）卫生间地面地漏位置应放置在一整块地砖中央或拼缝十字线上，地砖拼缝应在整块地砖的对角线上。

（9）当套管或穿墙管已预埋（安装）后再施工墙（地）面砖时，在墙（地）面砖上应用专用工具钻圆形孔洞，不得将墙（地）面砖切割后拼贴，如图 5-10 所示。

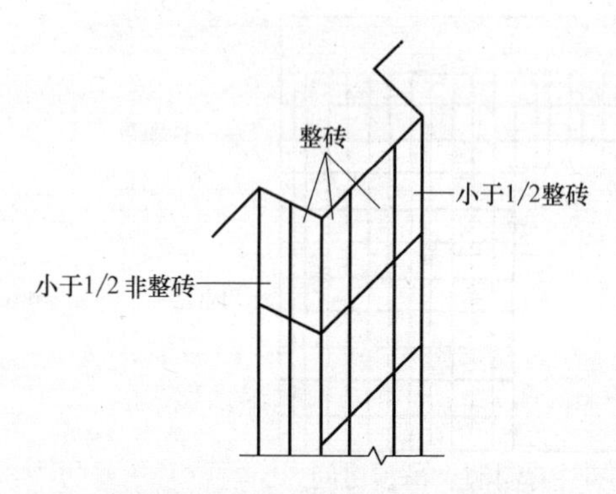

图 5-9　墙面变化处面砖排砖（错误做法）

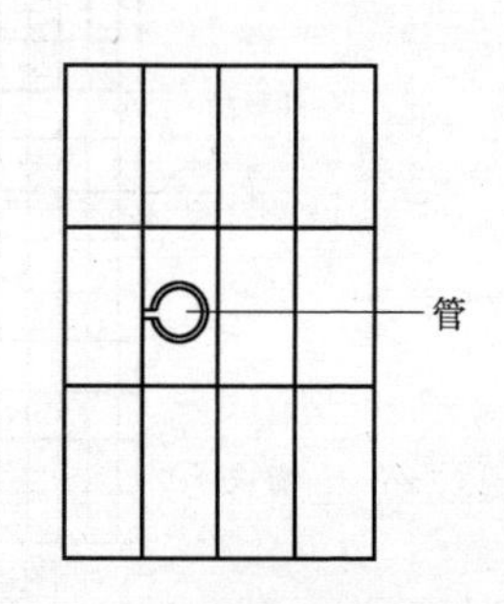

图 5-10　面砖切割后穿管（错误做法）

5.1.3　施工准备

1. 材料要求

（1）水泥宜用强度等级为 32.5 普通硅酸盐水泥或矿渣硅酸盐水泥或白水泥，应采用同一厂家，同一批号生产的水泥，有出厂合格证及现场取样复试报告，若出厂日期超过 3 个月，应重新取样试验，并按试验结果使用。

（2）砂：粗砂或中砂，用前过筛含泥量不大于 3%。

（3）面砖：面砖的表面应光洁、方正、平整，质地坚固，其品种、规格、尺寸、色泽、图案应均匀一致，符合设计要求。不得有缺棱、掉角、暗痕和裂纹等缺陷。其性能指标均应符合现行国家标准的规定，釉面砖的吸水率不得大于 10%。

（4）石灰膏：应用块状生石灰淋制，淋制时必须用孔径不大于 3mm×3mm 的筛过滤，并贮存在沉淀池中。熟化时间，常温下一般不少于 15d。使用时，石灰膏内不得含有未熟化的颗粒和其他杂质。

（5）胶粘剂和矿物颜料：应符合设计及规范要求。

2. 主要机具

（1）主要机具：砂浆搅拌机、瓷砖切割机、手电钻、冲击电钻等。

（2）主要工具：木抹子、阴阳角抹子、托灰板、木刮尺、方尺、锤子、錾子、垫板、套割器、开刀、墨斗、水平尺、小线坠、卷尺、红铅笔、筛子、水桶、灰槽、小白线、棉纱布等。

3. 作业条件

（1）基体按设计或规范要求处理完毕。

（2）日最低气温在 0℃以上，当低于 0℃时，必须有可靠的防冻措施。

（3）基层含水率宜为 15%～25%。

（4）施工现场所需的水、电、机具和安全设施齐备。

（5）设专人对饰面砖的尺寸、颜色进行选砖，并分类存放备用。

（6）墙面基层清理干净，脚手眼已按规定事先堵好。

（7）墙上统一弹出＋50cm（或其他标高）水平线。

（8）预留洞、排水管道及埋件等应处理完毕，门窗框、扇要固定好，并用 1∶3 水泥砂浆将缝隙嵌塞严密，铝合金门窗框边缝所用嵌塞材料应符合设计要求，且应塞堵密实。

（9）钉马凳或工具式脚手架、高度、长度符合操作要求，并便于移动。

（10）大面积施工前应先做出样板间，确定施工工艺及操作要求，并向施工人员做好技术交底工作。样板间完成后必须经质检部门检验合格，并经过设计、建设、监理及施工单位共同认定，方可组织大面积施工。

5.1.4 施工要求

1. 基层要求

（1）基层应平整、坚固，表面应洁净。当基层平整度超出允许偏差时，宜采用适宜材料补平或剔平。

基层表面附着物处理干净与否直接影响粘结砂浆的粘结质量。应将基层表面的尘土、污垢、油渍、墙面的混凝土残渣和隔离剂、养护剂等清理干净。基层表面平整度应符合施工要求，对墙面平整度超差部分应剔凿或修补，表面疏松处必须剔除，以保证陶瓷砖的粘贴质量。

（2）基体或基层的拉伸粘结强度不应小于0.4MPa。

（3）天气干燥、炎热时，施工前可向基层浇水湿润，但基层表面不得有明水。

2. 粘贴要求

（1）陶瓷砖的粘贴应在基层或基体验收合格后进行。

（2）对有防水要求的厨卫间内墙，应在墙地面防水层及保护层施工完成并验收合格后再粘贴陶瓷砖。

（3）陶瓷砖应清洁，粘结面应无浮灰、杂物和油渍等。

陶瓷砖一定要清理干净，尤其是砖背面的隔离粉等必须擦净，否则会影响粘贴质量。

（4）粘贴陶瓷砖前，应按设计要求，在基层表面弹出分格控制线或挂外控制线。

（5）陶瓷砖粘贴的施工工艺应根据陶瓷砖的吸水率、密度及规格等确定。

由于陶瓷砖的品种、规格较多，其性能也千差万别，应根据陶瓷砖的特点如吸水率、密度、规格尺寸等选择相适应的施工工艺。一般，对吸水率较大的陶质类面砖，可先浸湿阴干，然后再粘贴；而对吸水率较小的瓷质砖、玻化砖，不需浸湿，直接粘贴。对轻质、尺寸小的砖，可从上向下粘贴，而对重质、尺寸较大的砖，应自下而上双面粘贴。

（6）陶瓷砖位置的调整应在陶瓷砖粘结砂浆晾置时间内完成。超过陶瓷砖粘结砂浆晾置时间后再调整陶瓷砖的位置，会影响砖的粘贴质量，导致陶瓷砖粘贴不牢固。

（7）陶瓷砖粘贴完成后，应擦除陶瓷砖表面的污垢、残留物等，并应清理砖缝中多余的砂浆。72h 后应检查陶瓷砖有无空鼓，合格后宜采用填缝剂处理陶瓷砖之间的缝隙。

（8）施工完成后，应自然养护 7d 以上，并应做好成品的保护。

3. 单面粘贴法（也称镘抹法）程序

适用于密度较轻、尺寸较小的陶瓷砖粘贴。采用单面粘贴法粘贴陶瓷砖时，应按下列程序进行：

（1）用齿形抹刀的直边，将配制好的陶瓷砖粘结砂浆均匀地涂抹在基层上。

（2）用齿形抹刀的疏齿边，以与基面成 60°的角度，对基面上的砂浆进行梳理，形成带肋的条纹状砂浆。

（3）将陶瓷砖稍用力扭压在砂浆上，扭压后的浆料层厚度应不小于原条状浆料厚度的一半。

（4）用橡皮锤轻轻敲击陶瓷砖，使其密实、平整。

4. 双面粘贴法（也称组合法）程序

优先选择双面粘贴法，虽然该方法多用掉一些砂浆，但粘贴较牢固、安全。通常情况下，可先在基面上按压批刮一层较薄的胶浆，以达到胶浆嵌固润湿基面的增强效果。

采用双面粘贴法粘贴陶瓷砖时，应按下列程序进行：

（1）用齿形抹刀的直边，将配制好的陶瓷砖粘结砂浆均匀地涂抹在基层上。

（2）用齿形抹刀的疏齿边，以与基面成60°的角度，对基面上的砂浆进行梳理，形成带肋的条纹状砂浆。

（3）将陶瓷砖粘结砂浆均匀涂抹在陶瓷砖的背面，再将陶瓷砖稍用力扭压在砂浆上。

（4）用橡皮锤轻轻敲击陶瓷砖，使其密实、平整。

5.1.5 混凝土墙面贴砖

（1）基层处理：首先将凸出墙面的混凝土剔平，对大钢模施工的混凝土墙面应凿毛，并用钢丝刷满刷一遍，再浇水湿润。如果基层混凝土表面很光滑时，亦可采取如下的“毛化处理”办法，即先将表面尘土、污垢清扫干净，用10%火碱水将板面的油污刷掉，随之用净水将碱液冲净、晾干，在填充墙与混凝土接槎处，应采取防止开裂的加强措施，当采用加强网时，加强网与各基体的搭接宽度不应小于100mm。然后用1∶1水泥细砂浆内掺适量胶合剂，喷或用笤帚将砂浆甩到墙上，其甩点要均匀，终凝后浇水养护，直至水泥砂浆疙瘩全部粘到混凝土光面上，并有较高的强度（用手掰不动）为止。

（2）吊垂直、套方、找规矩、贴灰饼：大墙面、门窗口边弹线找规矩，必须由板底到楼层地面一次进行，弹出垂直线，并决定面砖出墙尺寸，分层设点做灰饼，横线以+50cm标高线为水平基准线交圈控制，竖向线则以4个阴角两边的垂直线为基准线进行控制。每层打底时则以此灰饼为基准点进行冲筋，使基底层灰平整垂直。

（3）抹底层砂浆：先刷一道掺适量胶合剂的水泥素浆，紧跟着分层分遍抹底层砂浆（常温时采用配合比为1∶3水泥砂浆），第一遍厚度宜为5mm，抹后用木抹子搓平，隔天浇水养护；待第一遍六至七成干时，即可抹第二遍，厚度约7mm，随即用木杠刮平、木抹子搓毛，隔天浇水养护，若需要抹第三遍时，其操作方法同第二遍，直至把底层砂浆抹平为止。当抹灰层厚度超过20mm应采取加固措施。

（4）弹线分格：待基层灰六至七成干时，即可按图纸要求进行分段分格弹线，同时亦可进行面层贴标准点的工作，以控制面层出墙尺寸及垂直、平整。

（5）排砖：根据大样图及墙面尺寸进行横竖向排砖，以保证面砖缝隙均匀，符合设计图纸要求，注意大墙面和垛子要排整砖，以及在同一墙面上的横竖排列，均不得有一行以上的非整砖。非整砖行应排在次要部位，如窗间墙或阴角处等。但亦要注意一致和对称。如遇有突出的卡件，应用整砖套割吻合，不得用非整砖随意拼凑镶贴。

（6）浸砖：饰面砖镶贴前，首先要将面砖清扫干净，放入净水中浸泡 2h 以上，取出待表面晾干或擦干净后方可使用。

（7）镶贴面砖：镶贴一般由阳角开始，自下而上进行，将不成整块的饰面砖留在阴角部位。垫底尺，计算准确最下一皮砖下口标高（底尺上皮一般比地面低 1cm 左右）底尺要水平放稳。在面砖外皮上口拉水平通线，作为镶贴的标准。

做法 1：在面砖背面宜采用 1：2 水泥砂浆或 1：0.2：2＝水泥：白灰膏：砂的混合砂浆镶贴，砂浆厚度为 6～10mm，贴上后用灰铲柄轻轻敲打，使之附线，再用钢片开刀调整竖缝，并用靠尺通过标准点调整平面和垂直度。

做法 2：用 1：1 水泥砂浆掺加适量粘结胶，在砖背面抹 3～4mm 厚粘贴即可。但此种做法其基层灰必须抹得平整，而且砂子必须用窗纱筛后使用。

做法 3：用胶粉来粘贴面砖，其厚度为 2～3mm，用此种做法其基层灰必须更平整。

阴角预留 5mm 缝隙，打胶作为伸缩缝。阳角导 1.5mm 宽边，对角留缝打胶。阴阳角做法，如图 5-11 所示。

（8）面砖勾缝与擦缝：横竖缝为干挤缝，小于 3mm 者，应用白水泥配颜料进行擦缝处理。大于 3mm 者面砖缝子勾完后，用布或棉丝蘸稀盐酸擦洗干净。

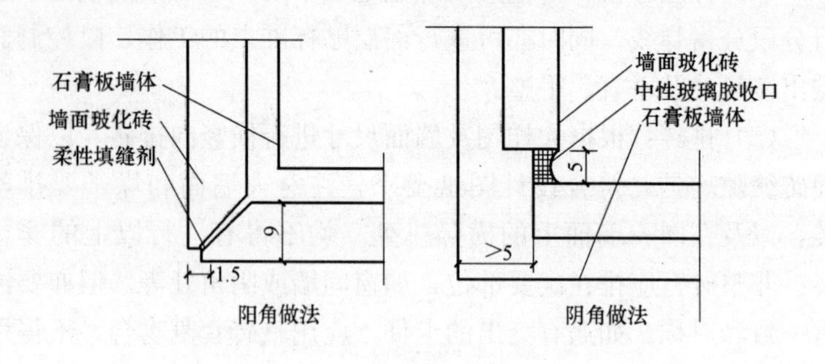

图 5-11　阴阳角做法

5.1.6　砖墙面贴砖

（1）抹灰前，墙面必须清扫干净，并提前浇水湿润。

（2）大墙面门窗口边弹线找规矩，必须一次进行，弹出垂直线，并决定面砖出墙尺寸，分层设点、做灰饼。横线则以＋50cm 标高为水平基线交圈控制，竖向线则以 4 个阳角两边的垂直线为基准线控制。每层打底时则以此灰饼作为基准点进行冲筋，使基底层灰做到横平竖直。

（3）抹底层砂浆：先把墙面浇水湿润，然后用 1∶3 水泥砂浆刮一道约 6mm 厚，紧跟着用同强度等级的砂浆与所冲的筋抹平，随即用木杠刮平，木抹搓毛，隔天浇水养护。

（4）～（8）同 5.1.5 中（4）～（8）。

（9）基层为加气混凝土墙面时，可酌情选用下述两种方法中的一种：

1）用水湿润加气混凝土表面，修补缺棱掉角处。修补前，先刷一道聚合物水泥浆，然后用 1∶3∶9 水泥∶白灰膏∶砂子混合砂浆分层补平，随后刷聚合物水泥浆并抹 1∶1∶6 混合砂浆打底，木抹子搓平，隔天浇水养护。

2）用水湿润加气混凝土表面，在缺棱掉角处刷聚合物水泥浆一道，用 1∶3∶9 混合砂浆分层补平，待干燥后，钉金属网一层并绷紧。在金属网上分层抹1∶1∶6混合砂浆打底（最好采取机械喷射工艺），砂浆与金属网应结合牢固，最后用木抹子轻轻搓平，隔天浇水养护。

其他做法同混凝土墙面。

（10）冬期施工：一般只在冬期初期施工，严寒阶段采用暖棚施工方法，并应注意以下几点：

1）砂浆的使用温度不得低于5℃，砂浆硬化前，应采取防冻措施。

2）用冻结法砌筑的墙，应待其解冻后再抹灰。

3）镶贴砂浆硬化初期不得受冻。气温低于5℃时，应采取防冻措施。

4）为了防止灰层早期受冻，并保证操作质量，其砂浆内的白灰膏和粘结胶不能使用，可采用同体积粉煤灰代替或改用水泥砂浆抹灰。

5.1.7 施工注意事项

（1）要及时清擦干净残留在门窗框上的砂浆，特别是铝合金门窗框宜粘贴保护膜，预防污染、锈蚀。

（2）认真贯彻合理的施工顺序，内墙贴面砖应在其他影响面砖质量的工种完成之后方可施工。若不同工种穿插施工，应有成品保护措施。

（3）进入施工现场必须戴安全帽；在脚手架上作业应系安全带。

（4）操作前检查脚手架和跳板是否搭设牢固，高度是否满足操作要求，合格后才能上架操作，凡不符合安全之处应及时改正。

（5）禁止穿硬底鞋、拖鞋、高跟鞋在架子上工作，架子上不得集中堆放重物，工具要搁置稳平，以防坠落伤人。

（6）在两层脚手架上操作时，应尽量避免在同一条垂直线上工作，必须同时作业时，对下层操作人员应设置防护措施。

（7）油漆粉刷不得将油漆喷滴在已完的饰面砖上，若不慎污染饰面砖，应及时擦净，必要时可采用贴纸或粘胶带等保护措施。

（8）各抹灰层在凝结前应防止风干、水冲和振动，以保证各层有足够的强度。

（9）夜间临时用的移动照明灯，必须用安全电压。机械操作人员需培训持证上岗，现场一切机械设备必须设专人操作。手持电动工具操作者必须戴绝缘手套。

（10）合理安排作业时间，尽量减少夜间作业，以减少施工时机具噪声污染；避免影响施工现场内或附近居民休息。

（11）施工现场应做到随干随清，确保施工现场的清洁。

（12）拆架子时注意不要碰撞墙面。

（13）装饰材料在运输、保管和施工过程中，必须采取措施防止损坏和变质。

（14）对于密封材料及清洗溶剂等可能产生有害物质或气体的材料，应做到专人保管，以免对环境造成污染。

5.2 外墙湿贴面砖

适用于宾馆、酒店、医院、影剧院、办公楼、化验楼、图书馆、舞厅、教学楼、住宅楼等，采用满贴法施工的高层建筑工程的外墙面砖饰面，也适用于围墙外表面和建筑小品外墙面贴面砖饰面工程。

用面砖作外墙饰面，装饰效果好，不仅可以提高建筑物的使用质量，并能美化建筑物，保护墙体，延长建筑物的使用年限。面砖有毛面和光面两种，光面砖又分为有釉和无釉两种，此外还有彩色面砖，其一般构造如图 5-12 所示。

5.2.1 一般规定

除符合上述 5.1.1 的相关要求外，还应符合以下规定。

(1) 在外墙贴面砖施工之前，应对各种原材料进行复验，并符合下列规定。

1) 外墙饰面砖应具有生产厂的出厂检验报告及产品合格证，并复验合格。

2) 粘贴外墙饰面砖所用的水泥、砂、胶粘剂等材料，进场应进行复验，合格后方可大面积使用。

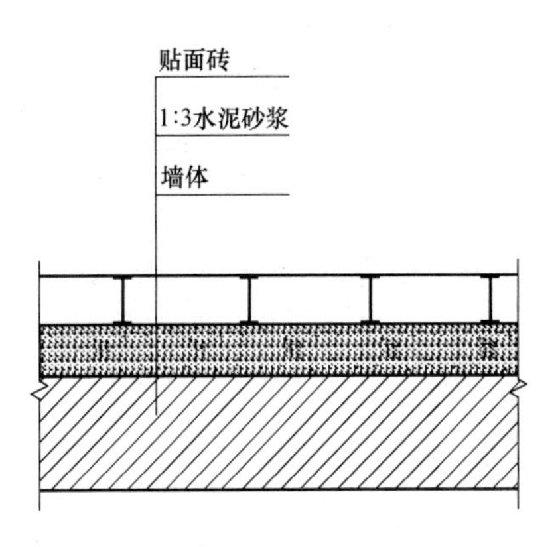

图 5-12 外墙面砖铺贴一般构造

(2) 在外墙贴面砖之前，应先做样板件，饰面砖粘结强度经检验合格后方可施工。

(3) 外墙贴面砖施工之前应做出样板，经建设、监理等单位确认后方可施工。

(4) 基层按设计或规范要求处理完毕。

(5) 日最低气温在 0℃以上，当低于 0℃时，必须有可靠的防冻措施。

(6) 基层含水率宜为 15%～25%。

(7) 施工现场所需的水、电、机具和安全设施齐备。

(8) 门窗洞、脚手眼和水电暖管预埋件（箱）等处理完毕。

(9) 应合理安排整个工程的施工程序，避免后续工程对饰面造成损坏或污染。

5.2.2 施工准备

1. 材料要求

(1) 水泥：宜用强度等级为 32.5 普通硅酸盐水泥或矿渣硅酸盐水泥或白水泥，应采用同一厂家，同一批号生产的水泥，有出厂合格证及现场取样复验报告，若出厂日期超过3个月，应重新取样试验，并按试验结果使用。

（2）砂子：粗砂或中砂，用前过筛且含泥量不大于3%。

（3）面砖：面砖的表面应光洁、方正、平整，质地坚固，其品种、规格、尺寸、色泽、图案应均匀一致，必须符合设计要求。不得有缺棱、掉角、暗痕和裂纹等缺陷。其性能指标均应符合现行国家标准的规定，釉面砖的吸水率不得大于10%。

（4）石灰膏：应用块状生石灰淋制，淋制时必须用孔径不大于3mm×3mm的筛过滤，并贮存在沉淀池中。熟化时间，常温下一般不少于15d。使用时，石灰膏内不得含有未熟化的颗粒和其他杂质。

（5）胶合剂和矿物颜料：应符合设计及规范要求。

2. 主要机具设备

（1）主要机具：砂浆搅拌机、瓷砖切割机、手电钻、冲击电钻等。

（2）主要工具：木抹子、阴阳角抹子、托灰板、木刮尺、方尺、锤子、錾子、垫板、开刀、墨斗、水平尺、小线坠、卷尺、红铅笔、筛子、水桶、灰槽、小白线、棉纱布等。

3. 作业条件

（1）设专人对面砖按尺寸、颜色进行选砖，并分类存放备用。

（2）墙面基层清理干净，脚手眼已按规定事先堵好。

（3）预留洞、排水管道及埋件等应处理完毕，门窗框、扇要固定好，且应塞堵密实，并事先粘贴好保护膜。

（4）吊篮或脚手架提前搭设好，并符合施工安全和操作要求。

（5）大面积施工前应先做出样板，经质检部门鉴定合格，并通过设计、建设、监理及施工单位共同认定，方可组织大面积施工。

5.2.3 施工操作要点

外墙面砖的粘贴施工除符合上述 5.1.4 中的相关要求外，还应符合以下规定。

1. 混凝土墙面贴砖

（1）基层处理：首先将凸出墙面的混凝土剔平，对大钢模施工的混凝土墙面应凿毛，并用钢丝刷满刷一遍，再浇水湿润。或可采取如下的“毛化处理”办法，即先将表面尘土、污垢清扫干净，用 10%火碱水将板面的油污刷掉，随之用清水将碱液冲净、晾干，在填充墙与混凝土接槎处，应采取防止开裂的加强措施，当采用加强网时，加强网与各基体的搭接宽度不应小于 100mm。然后用 1∶1 水泥细砂浆内掺适量胶粘剂，用笤帚将砂浆甩到墙面上，其甩点要均匀，终凝后浇水养护，直至水泥砂浆疙瘩有较高的强度（用手掰不动）为止。

（2）吊垂直、套方、找规矩、贴灰饼：若建筑物为高层时，应在四大角和门窗口边用经纬仪打垂直线找直；如果建筑物为多层时，可从顶层开始用特制的大线坠绷铁丝吊垂直，然后根据面砖的规格尺寸分层设点、做灰饼。横线则以楼层为水平基准线交圈控制，竖向线则以四周大角和通天柱或垛子为基准线控制。每层打底时则以此灰饼作为基准点进行冲筋，使其底层灰做到横平竖直。同时要注意找好突出檐口、腰线、窗台、雨篷等饰面的流水坡度和滴水线（槽）。

（3）抹底层砂浆：先刷一道掺加粘结胶的水泥素浆，紧跟着分层分遍抹底层砂浆（常温时采用配合比为 1∶3 水泥砂浆），第一遍厚度宜为 5mm，抹后用木抹子搓平、扫毛，隔天浇水养护；待第一遍六至七成干时，即可抹第二遍，厚度约 7mm，随即用木杠刮平、木抹子搓毛，隔天浇水养护，若需要抹第三遍时，其操作方法同第二遍，直至把底层砂浆抹平为止。

（4）弹线分格：待基层灰六至七成干时，即可按图纸要求进行分段分格弹线，同时亦可进行面层贴标准点的工作，以控制面层出墙尺寸及垂直、平整。

(5) 排砖：根据大样图及墙面尺寸进行横竖向排砖，以保证面砖缝隙均匀，符合设计图纸要求，注意大墙面、通天柱子和垛子要排整砖，以及在同一墙面上的横竖排列，均不得有一行以上的非整砖。非整砖行应排在次要部位，如窗间墙或阴角处等。但亦要注意一致和对称。如遇有突出的卡件，应用整砖套割吻合，不得用非整砖随意拼凑镶贴。

面砖的排列方式有：错缝、通缝、竖通缝、横通缝和其他各种排列法，如图 5-13 所示，阴角做法有叠角和八字夹角。

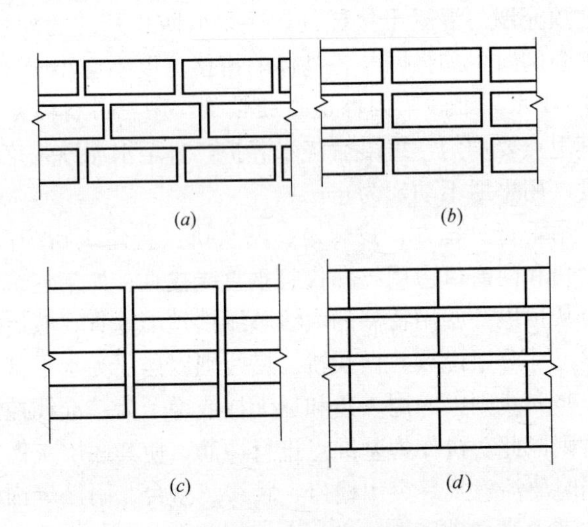

图 5-13 面砖排列方式

(a) 错缝；(b) 通缝；(c) 竖通缝；(d) 横通缝

排砖完毕后，用水平仪测出外墙各阴阳角处的水平控制点，弹上水平线使外墙水平线四周交圈。再根据面砖的皮数尺寸，弹出各施工段的水平控制线。根据排列情况，用线锤挂出直阴阳角。做上灰饼作为阴阳角的垂直标志，然后按规定对墙面做灰饼，作为铺贴面砖平度标志，并以 3～5 块面砖的距离为依据进行墙面弹线分格，以控制铺贴。

（6）浸砖：外墙面砖镶贴前，首先要将面砖清扫干净，放入净水中浸泡 2h 以上，取出待表面晾干或擦干净后方可使用。

没有用水浸泡的饰面砖吸水性较大，在镶贴后会迅速吸收砂浆中的水分，影响粘结质量，而浸透吸足水没晾干时，由于水膜的作用，镶贴面砖会产生瓷砖浮滑现象，对操作不便，且因水分散发会引起瓷砖与基层的分离。

（7）镶贴面砖：面砖铺贴顺序为自下而上，自墙、柱角开始，如多层高层建筑应以每层为界，完成一个层次再做下一个层次。粘贴第一皮面砖时，需用直尺在面砖底部托平，如图 5-14，保持头角齐直。

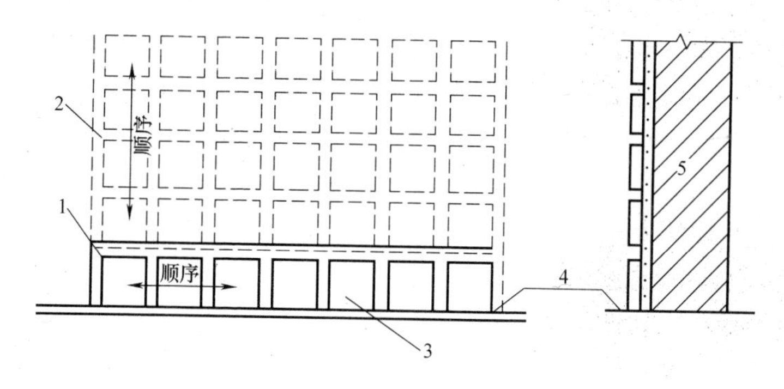

图 5-14　镶贴面砖顺序

1—木分格条；2—拉通线；3—第一皮面砖；4—直尺托底；5—墙体

在每一分段或分块内的面砖，均为自下而上镶贴。从最下一层砖下皮的位置线先稳好靠尺，以此托住第一皮面砖。在面砖外皮上口拉水平通线，作为镶贴的标准。在面砖背面宜采用 1∶2 水泥砂浆或 1∶0.2∶2＝水泥∶白灰膏∶砂的混合砂浆镶贴，砂浆厚度为 6～10mm，贴上后用灰铲柄轻轻敲打，使之附线，再用钢片开刀调整竖缝，并用靠尺通过标准点调整平面和垂直度。

另外一种做法是，用 1∶1 水泥砂浆掺加粘结胶，在砖背面抹 3～4mm 厚粘贴即可。但此种做法其基层灰必须抹得平整，而且砂子必须用窗纱筛后使用。

另外也可用胶粉来粘贴面砖，其厚度为 2～3mm，用此种做法其基层灰必须更平整。如要求釉面砖拉缝镶贴时，面砖之间的水平缝宽度用米厘条控制，米厘条可用贴砖用砂浆与中层灰临时镶贴，米厘条贴在已镶贴好的面砖上口，为保证其平整，可临时加垫小木楔。女儿墙压顶、窗台、腰线等部位平面也要镶贴面砖时，除流水坡度符合设计要求外，应采取顶面面砖压立面面砖的做法，预防向内渗水，引起空裂；同时还应采取立面中最低一排面砖必须压底平面面砖，并低于底平面面砖 3～5mm 的做法，让其起滴水线（槽）的作用，防止雨水侵入女儿墙压顶、窗台、腰线等部位的交面面砖砖缝而引起空裂。

（8）面砖勾缝与擦缝：面砖铺贴拉缝时，用 1∶1 水泥砂浆勾缝，先勾水平缝再勾竖缝，勾好后要求凹进面砖外表面 2～3mm，在横竖缝交接处，应嵌入“八字角”，对评优工程“八字角”数量不低于 95%。若横竖缝为干挤缝，或小于 3mm 者，应用白水泥配颜料进行擦缝处理。面砖缝子勾完后，用布或棉丝蘸稀盐酸擦洗干净。

2. 砖墙面贴砖

（1）抹灰前，墙面必须清扫干净，浇水湿润。

（2）大墙面和四角、门窗口边弹线找规矩，必须由顶层到底一次进行，弹出垂直线，并决定面砖出墙尺寸，分层设点、做灰饼。横线则以楼层为水平基线交圈控制，竖向线则以四周大角和通天垛、柱子为基准线控制。每层打底时则以此灰饼作为基准点进行冲筋，使基底层灰做到横平竖直。同时要注意找好突出檐口、腰线、窗台、雨篷等饰面的流水坡度。

（3）抹底层砂浆：先把墙面浇水湿润，然后用 1∶3 水泥砂浆刮一道约 6mm 厚，紧跟着用同强度等级的砂浆与所冲的筋抹平，随即用木杠刮平，木抹子搓毛，隔天浇水养护。

（4）～（8）项同基层为混凝土墙面做法（4）～（8）。

（9）基层为加气混凝土墙面时，可酌情选用下述两种方法中的一种：

1）用水湿润加气混凝土表面，修补缺棱掉角处。修补前，先刷一道聚合物水泥浆，然后用水泥：白灰膏：砂子＝1∶3∶9混合砂浆分层补平，随即刷聚合物水泥浆并抹1∶1∶6混合砂浆打底，木抹子搓平，隔天浇水养护。

2）用水湿润加气混凝土表面，在缺棱掉角处刷聚合物水泥浆一道，用1∶3∶9混合砂浆分层补平，待干燥后，钉金属网一层并绷紧。在金属网上分层抹1∶1∶6混合砂浆打底（最好采取机械喷射工艺），砂浆与金属网应结合牢固，最后用木抹子轻轻搓平，隔天浇水养护。

3）找平层应分层施工，严禁空鼓，每层厚度应不大于7mm，且应在前一层终凝后再抹后一层；找平层厚度不应大于20mm，若超过此值必须采取加固措施。

其他做法同混凝土墙面。

（10）夏季镶贴室外饰面砖，应有防止暴晒的可靠措施。

（11）冬期施工：一般只在冬期初期施工，严寒阶段不得施工。

1）砂浆的使用温度不得低于5℃，砂浆硬化前，应采取防冻措施。

2）用冻结法砌筑的墙，应待其解冻后再抹灰。

3）镶贴砂浆硬化初期不得受冻。气温低于5℃时，室外镶贴砂浆内可掺入能降低临界温度的外加剂，其掺量应由试验确定。

4）为了防止灰层早期受冻，并保证操作质量，其砂浆内的白灰膏和粘结胶不能使用，可采用同体积粉煤灰代替或改用水泥砂浆抹灰。

3. 外墙面砖细部粘贴

（1）外墙面砖、卫生间瓷砖在阳角处要割成45°角，角对角镶贴。当不考虑对角镶贴时，则窗台和压顶交圈处，应以水平铺贴面将垂直铺贴面盖住，在下檐边处，则以垂直面将下口水平面盖住。

（2）贴面砖前必须弹线放样，排好缝子的大小，铺贴时凡遇小于二分之一砖时，必须与相邻的整砖平均，不得出现小于二分之一的窄条面砖。最好在主体结构施工前确定面砖规格，对面砖的排列进行精心设计，并做出外墙面砖装配图，必要时应洽商设计单位对洞口、窗口大小，横竖线角等影响面砖排列的相关尺寸进行适当调整，从而达到方便施工，降低成本，提高观感质量的效果。

外墙贴面砖过程中出现非整砖时，也可采用不同颜色面砖调整。

（3）外墙贴面砖的缝子必须大小一致，如设计无规定，缝宽宜为 8mm 左右，缝深应凹进面砖外皮 2～3mm，深浅一致，勾方缝，不要勾圆缝，缝内要平整光滑。在外墙面砖施工时，勾缝质量要重点控制，要采用专用的统一的勾缝工具和专用勾缝材料来施工。

4. 外墙分隔缝、变形缝留设

（1）在建筑物外墙饰面中不同材质、不同色彩交接处留设分隔缝（条），使其界限清晰，需要时，缝内填弹性密封胶。例如花岗岩饰面与面砖饰面交接、面砖与涂料交接处、面砖与一般抹灰交接处，使分色、分界线清晰，如图 5-15 所示。

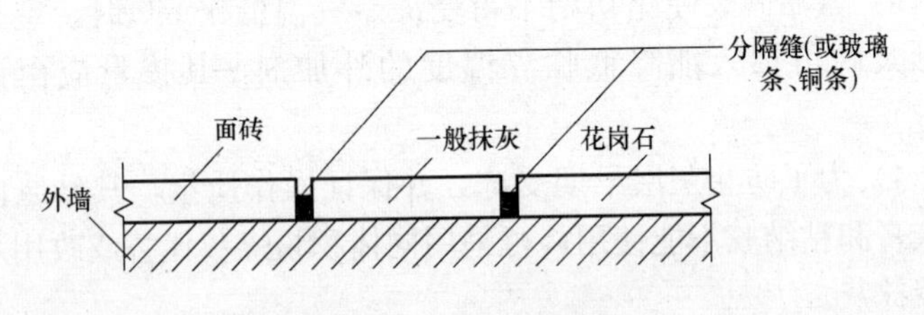

图 5-15　分隔缝抹灰详图

室外饰面的分隔缝，在抹灰时应采用 20mm 宽定型塑料条施工，施工完也可不取出。粉刷后的分隔缝应做到棱角整齐，横平竖直，交接处平顺，深浅宽窄一致。外墙分格缝在窗口部位的做法，如图 5-16 所示。

（2）室外变形缝处，要用盖板封闭，盖板封闭应在外墙装修后进行，安装盖板时，要上下通直，与外墙找平，防止出现盖板安装时倾斜现象，盖板与外墙缝隙用弹性密封胶封堵，不得用砂浆封堵，以免出现裂缝，如图 5-17 和图 5-18。

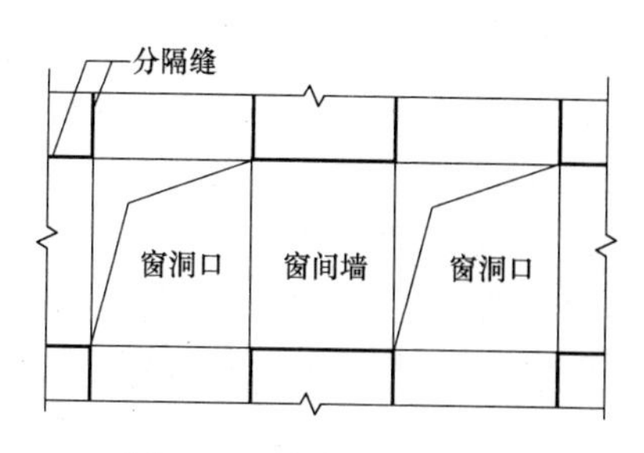

图 5-16　外墙分隔缝布置

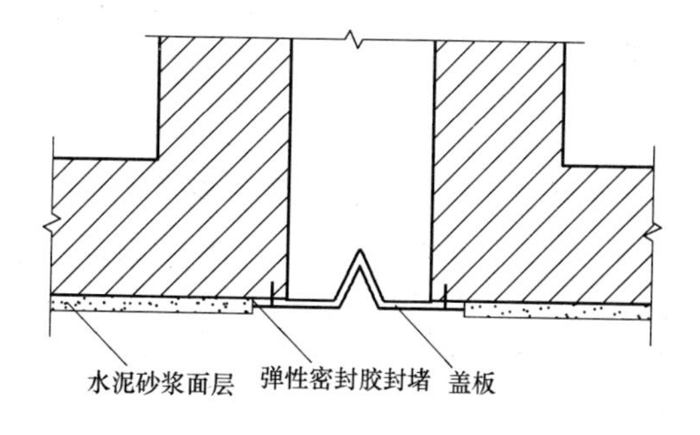

图 5-17　室外变形缝处理（一）

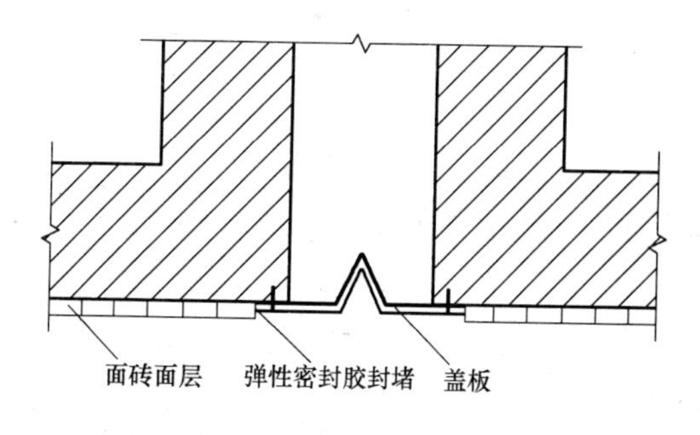

图 5-18　室外变形缝处理（二）

（3）北方地区室内外温差大，外墙、屋面内侧保温不宜采用苯板（泰明板），更不能直接将苯板用于墙外，因为墙体易收缩开裂，必须采用时，一定要注意设分格缝，相当于苯板规格分块，装修面层的分格缝位置严禁苯板分缝同抹灰层分格缝错开，特别是在墙体同结构主体交接处，必须在缝内注弹性胶。

5. 施工注意事项

（1）要及时清擦干净残留在门窗框上的砂浆，特别是铝合金门窗框宜粘贴保护膜，预防污染、锈蚀。

（2）认真贯彻合理的施工顺序，外墙贴面砖应在其他影响面砖质量的工种完成之后方可施工。若不同工种穿插施工，应有成品保护措施。

（3）操作前检查脚手架和跳板是否搭设牢固，高度是否满足操作要求，合格后才能上架操作，凡不符合安全之处应及时改正。

（4）禁止穿硬底鞋、拖鞋、高跟鞋在架子上工作，架子上不得集中堆放重物，工具要搁置稳定，以防坠落伤人。

（5）在两层脚手架上操作时，应尽量避免在同一条垂直线上工作，必须同时作业时，对下层操作人员应设置防护措施。

（6）油漆粉刷不得将油漆喷滴在已完的饰面砖上，若不慎污染饰面砖，应及时擦净，必要时可采用贴纸或粘胶带等保护措施。

（7）夜间临时用的移动照明灯，必须用安全电压。机械操作人员需培训持证上岗，现场一切机械设备必须设专人操作。手持电动工具操作者必须戴绝缘手套。

（8）雨后、春暖解冻时应及时检查外脚手架，防止沉陷造成事故。

（9）各抹灰层在凝结前应防止风干、暴晒、水冲和振动，以保证各层有足够的强度。

（10）合理安排作业时间，尽量减少夜间作业，以减少施工时机具噪声污染；避免影响施工现场内或附近居民休息。

（11）装饰材料在运输、保管和施工过程中，必须采取措施防止损坏和变质。

（12）对于密封材料及清洗溶剂等可能产生有害物质或气体的材料，应做到专人保管，以免对环境造成污染。

5.3 内外墙面湿贴陶瓷锦砖

适用于采用满贴法施工的建筑外墙面和洁净车间、门厅、走廊、餐厅、厕所、盥洗室、浴室、工作间、化验室等的内墙面贴陶瓷锦砖的工程。

陶瓷锦砖是传统的墙面装饰材料。它质地坚实、经久耐用、花色繁多，耐酸、耐碱、耐磨，不渗水，易清洗，用于建筑物室内地面厕所和浴室等内墙；作为外墙装饰材料也得到广泛应用，其构造如图5-19所示。

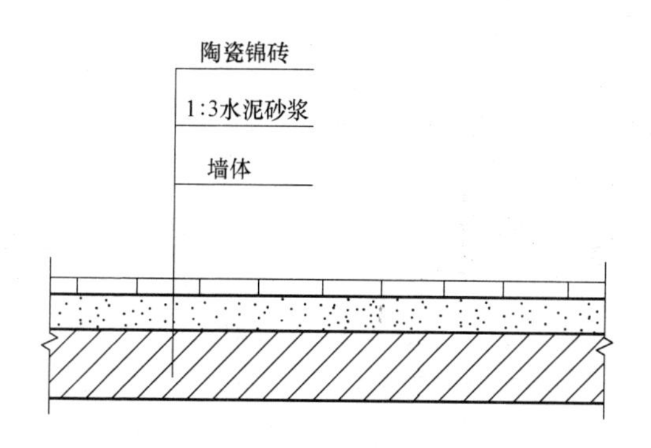

图5-19 陶瓷锦砖墙面构造

5.3.1 一般规定

除符合上述5.1.1的相关要求外，还应符合以下规定。

（1）在墙面贴陶瓷锦砖工程施工之前，应对各种原材料进行复验，并符合下列规定。

1）陶瓷锦砖应具有生产厂的出场检验报告及产品合格证，并有复试抽验报告。

2）粘贴墙面陶瓷锦砖所用的水泥、砂、胶合剂等材料，进场应进行复验，合格后方可使用。

3）在陶瓷锦砖工程施工前，应对找平层、结合层、粘结层及勾缝、嵌缝所用材料进行试配，经检验合格后方可使用。

（2）陶瓷锦砖工程施工前应做出样板，经建设、监理等单位确认后方可施工。

（3）其他要求同上述 5.2.1 中相关内容。

5.3.2 施工准备

1. 材料要求

（1）水泥：宜用强度等级为 32.5 普通硅酸盐水泥或矿渣硅酸盐水泥。应有出厂证明或复试单，若出厂超过 3 个月，应按试验结果使用。

（2）白水泥：宜用强度等级为 32.5 白水泥。

（3）砂子：粗砂或中砂，用前过筛。含泥量不大于 3%。

（4）陶瓷锦砖（马赛克）：应表面平整、颜色一致，每张长宽规格一致，尺寸正确，边棱整齐，一次进场。锦砖脱纸时间不得大于 40min。

（5）石灰膏：应用块状生石灰淋制，淋制时必须用孔径不大于 3mm×3mm 的筛过滤，并贮存在沉淀池中。熟化时间，常温下一般不少于 15d；用于罩面时，不应少于 30d。使用时，石灰膏内不得含有未熟化的颗粒和其他杂质。

（6）胶粘剂和矿物颜料等。

2. 主要机具

磅秤、铁板、孔径 5mm 筛子、窗纱筛子、手推车、大桶、小水桶、平锹、木抹子、钢板抹子（1mm 厚）、开刀或钢片（20mm×70mm×1mm）、铁制水平尺、方尺、靠尺板、底尺[(3000～5000)mm×40mm×(10～15)mm]、大杠、中杠、小杠、灰槽、灰勺、米厘条、毛刷、鸡腿刷子、细钢丝刷、笤帚、大小锤子、粉线包、小线、擦布或棉丝、钳子、小铲、合金钢錾子、小型台式砂轮、勾缝溜子、勾缝托灰板、托线板、线坠、盒尺、钉子、红铅笔、铅丝、工具袋等。

3. 作业条件

（1）根据设计图纸要求，按照建筑物各部位的具体做法和工程量，事先挑选出颜色一致、同规格的陶瓷锦砖，分别堆放并保管好。

（2）预留孔洞及排水管等应处理完毕，门窗框、扇要固定好，并用1∶3水泥砂浆将缝隙堵塞严实。铝合金门窗框边缝所用嵌缝材料应符合设计要求，且塞堵密实，并事先粘贴好保护膜。

（3）脚手架或吊篮提前支搭好，选用双排架子（室外高层宜采用吊篮，多层亦可采用桥式架子等），其横竖杆及拉杆等应距离门窗口角150～200mm。架子的步高要符合施工要求。

（4）墙面基层要清理干净，脚手眼堵好。

（5）大面积施工前应先做样板，样板完成后，必须经质检部门鉴定合格后，还要经过设计、甲方、监理、施工单位共同认定后，方可组织施工。

5.3.3 施工操作要点

1. 混凝土墙面粘贴

陶瓷锦砖的粘贴施工除符合上述5.1.4中的相关要求外，还应符合以下规定。

（1）基层处理：首先将凸出墙面的混凝土剔平，对大钢模施工的混凝土墙面应凿毛，并用钢丝刷满刷一遍，再浇水湿润。或采用“毛化处理”的办法，即先将表面尘土、污垢清理干净，用10％火碱水将墙面的油污刷掉，随之用清水将碱液冲净、晾干。在填充墙与混凝土接槎处，应采取防止开裂的加强措施，当采用加强网时，加强网与各基体的搭接宽度不应小于200mm，接槎处两侧均分。然后用1∶1水泥细砂浆内掺少量胶合剂，喷或用笤帚将砂浆甩到墙上，其甩点要均匀，终凝后浇水养护，直至水泥砂浆疙瘩全部粘到混凝土光面上，并具有一定的强度（用手掰不动为止）。

（2）吊垂直、套方、找规矩、贴灰饼：根据墙面结构平整度找出贴陶瓷锦砖的规矩，如果是高层建筑物在外墙面全部贴陶瓷锦砖时，应在四周大角和门窗口边用经纬仪打垂直线找直；如果是多层建筑时，可从顶层开始用特制的大线坠绷铁丝吊垂直，然后根据陶瓷锦砖的规格、尺寸分层设点、做灰饼。横线则以楼层为水平基线交圈控制，竖向线则以四周大角和层间贯通柱、垛子为基线控制。每层打底时则以此灰饼作为基准点进行冲筋，使其底层灰做到横平竖直、方正。同时要注意找好突出檐口、腰线、窗台、雨篷等饰面的流水坡度和滴水线（槽），其深、宽不小于10mm，并整齐一致，而且必须是整砖。

（3）抹底子灰：底子灰一般分二次操作，先刷一道掺适量胶合剂的水泥素浆，紧跟着抹头遍水泥砂浆，其配合比为1：2.5或1：3（体积比），并掺适量胶粘剂，第一遍厚度宜为5mm，用抹子压实。第二遍用相同配合比的砂浆按冲筋抹平，用木杠刮平，低凹处事先填平补齐，最后用木抹子搓出麻面。当抹灰层厚度超过20mm时，必须采取加固措施；底子灰抹完后，隔天浇水养护。

（4）弹控制线：贴陶瓷锦砖前应放出施工大样，根据具体高度弹出若干条水平控制线，在弹水平线时，应计算陶瓷锦砖的块数，使两线之间保持整砖数。如分格需按总高度均分，可根据设计与陶瓷锦砖的品种、规格定出缝子宽度，再加工分格条。但要注意同一墙面不得有一排以上的非整砖，并应将其镶贴在较隐蔽的部位。

（5）贴陶瓷锦砖：镶贴应自上而下进行。高层建筑采取措施后，可分段进行。在每一分段或分块内的陶瓷锦砖，均为自下向上镶贴。贴陶瓷锦砖时底灰要浇水润湿，并在弹好水平线的下口，支上一根垫尺（图5-20），一般三人为一组进行操作。一人浇水润湿墙面，先刷上一道素水泥浆（内掺适量胶粘剂）；再抹

2～3mm 厚的 1：1 水泥砂浆（适量胶粘剂），用靠尺板刮平，再用抹子抹平；另一人将陶瓷锦砖铺在木托板上（麻面朝上），缝抹 1：1 水泥细砂浆，用软毛刷子刷净麻面，再抹上薄薄一层灰浆（图 5-21）。然后一张一张递给另一人，将四边灰刮掉，两手握住陶瓷锦砖上面，在已支好的垫尺上由下往上贴，缝子对齐，要注意按弹好的横竖线贴。如分格贴完一组，将米厘条放在上口线继续贴第二组。镶贴的高度应根据当时气温条件而定。

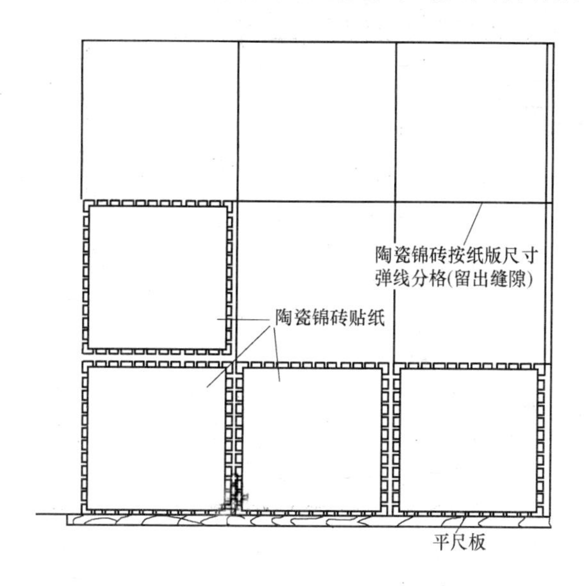

图 5-20　陶瓷锦砖镶贴示意图

（6）揭纸、调缝：贴完陶瓷锦砖的墙面，要一手拿拍板，靠在贴好的墙面上，一手拿锤子对拍板满敲一遍（敲实、敲平），然后将陶瓷锦砖上的纸用刷子刷上水，20～30min 后便可开始揭纸。揭开纸后检查缝子大小是否均匀，如出现歪斜、不正的缝子，应顺序拨正贴实，先横后竖、拨正拨直为止。

（7）擦缝：粘贴后 48h，先用抹子把近似陶瓷锦砖颜色的擦缝水泥浆摊放在需擦缝的陶瓷锦砖上，然后用刮板将水泥浆往缝子里刮满、刮实、刮严，再用麻丝和擦布将表面擦净。遗留在缝

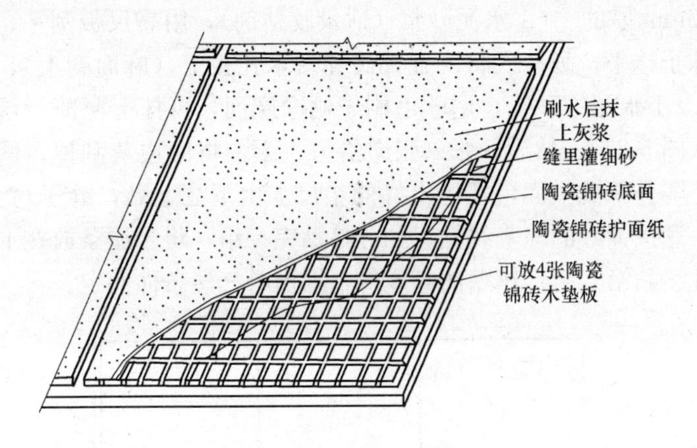

图 5-21　缝中灌砂做法

子里的浮砂可用潮湿干净的软毛刷轻轻带出，如需清洗饰面时，应待勾缝材料硬化后方可进行。启出米厘条的缝子要用 1∶1 水泥砂浆勾严勾平，再用擦布擦净。外墙应选用抗渗性能勾缝材料。

2. 砖墙墙面粘贴

（1）基层处理：抹灰前墙面必须清扫干净，检查窗台、窗套和腰线等处，对损坏和松动的部分要处理好，然后浇水润湿墙面。

（2）吊垂直、套方、找规矩：同基层为混凝土墙面做法。

（3）～（7）项同混凝土墙面贴陶瓷锦砖的做法（3）～（7）。

（8）基层为加气混凝土墙面时，可酌情选用下述两种方法中的一种：

1）用水湿润加气混凝土表面，修补缺棱掉角处。修补前，先刷一道聚合物水泥浆，然后用水泥：白灰膏：砂子＝1∶3∶9 混合砂浆分层补平，隔天刷聚合物水泥浆，并抹 1∶1∶6 混合砂浆打底，木抹子搓平，隔天浇水养护。

2）用水湿润加气混凝土表面，在缺棱掉角处刷聚合物水泥浆一道，用1∶3∶9混合砂浆分层补平，待干燥后，钉金属网一层并绷紧。在金属网上分层抹1∶1∶6混合砂浆打底（最好采取机械喷射工艺），砂浆与金属网应结合牢固，最后用木抹子轻轻搓平，隔天浇水养护。

其他做法同混凝土墙面贴陶瓷锦砖。

（9）夏季镶贴室外墙面陶瓷锦砖时，应有防止曝晒的可靠措施。

（10）冬期施工：一般只在冬期初期施工，严寒阶段不得镶贴室外墙面陶瓷锦砖。

1）砂浆的使用温度不得低于5℃，砂浆硬化前，应采取防冻措施。

2）用冻结法砌筑的墙，应待其解冻后方可施工。

3）镶贴砂浆硬化初期不得受冻。气温低于5℃时，室外镶贴砂浆内可掺入能降低冻结温度的外加剂，其掺量应由试验确定。

4）为防止灰层早期受冻，并保证操作质量，其砂浆内的白灰膏和粘结胶不能使用，可采用同体积粉煤灰代替或改用水泥砂浆抹灰。

5）冬期室内镶贴陶瓷锦砖，可采用热空气或带烟囱的火炉加速干燥。采用热空气时，应设通风设备排除湿气，并设专人进行测温控制和管理。

3. 施工注意事项

（1）镶贴好的陶瓷锦砖墙面，应有切实可靠的防止污染的措施；同时要及时清擦干净残留在门窗框、扇上的砂浆，特别是铝合金门窗框、扇；事先应粘贴好保护膜，预防污染。

（2）各抹灰层在凝结前应防止风干、暴晒、水冲、撞击和振动。

（3）操作前检查脚手架和跳板是否搭设牢固，高度是否满足操作要求，合格后才能上架操作，凡不符合安全之处应及时改正。

（4）禁止穿硬底鞋、拖鞋、高跟鞋在架子上工作，架子上不得集中堆放重物，工具要搁置稳定，以防坠落伤人。

（5）在两层脚手架上操作时，应尽量避免在同一条垂直线上工作，必须同时作业时，对下层操作人员应设置防护措施。

（6）少数工种（水电、通风、设备安装等）的施工应在陶瓷锦砖镶贴之前完成，防止损坏面砖。

（7）拆除架子时注意，不要碰撞墙面。

（8）脚手架必须按施工方案搭设，出入口应搭设安全通道。对施工中可能发生碰损的入口、通道、阳角等部位，应采取临时保护措施。

（9）合理安排作业时间，尽量减少夜间作业，以减少施工时机具噪声污染；避免影响施工现场内或附近居民的休息。

（10）对于密封材料及清洗溶剂等可能产生有害物质或气体的材料，应做到专人保管，以免对环境造成污染。

5.4 墙柱面湿贴釉面砖

5.4.1 一般规定

应符合上述 5.1.1 的相关要求。

5.4.2 施工准备

1. 材料

（1）水泥：采用强度等级为 32.5 及以上的普通硅酸盐水泥或矿渣硅酸盐水泥，白水泥（擦缝用）。

（2）矿物颜料：（与釉面砖色泽协调，与白水泥拌和擦缝用）。

（3）中砂。

（4）石灰膏：使用时灰膏内不应含有未熟化的颗粒及杂质（如使用石灰粉时要提前一周浸泡透）。

（5）釉面砖：品种、规格、花色按设计规定，并应有产品合格证。釉面砖的吸水率不得大于10%。砖表面平整方正，厚度一致，不得有缺棱、掉角和断裂等缺陷。如遇规格复杂，色差悬殊时，应逐块量度挑选分类存放使用。

2. 作业条件

（1）顶棚、墙柱面粉刷抹灰施工完毕。

（2）墙柱面暗装管线、电盒及门、窗框完毕，并经检验合格。

（3）墙柱面必须坚实、清洁（无油污、浮浆、残灰等），影响面砖铺贴凸出墙柱面部分应凿平，过于凹陷墙柱面应用1∶3水泥砂浆分层抹压找平。（先浇水湿润后再抹灰）。

（4）安装好的窗台板及门窗框与墙柱之间缝隙；用1∶3水泥砂浆堵灌密实；铝门窗框边隙之嵌塞材料应由设计确定，铺贴面砖前应先粘贴好保护膜。

（5）大面积施工前，应先做样板墙或样板间，并经有关部门检查符合要求。

5.4.3 施工操作要点

釉面砖的粘贴施工除符合上述5.1.4的相关要求外，还应符合以下规定。

1. 选砖

面砖一般按1mm差距分类选出若干个规格，选好后根据墙柱面积，房间大小分批分类计划用料。选砖要求方正、平整，楞角完好，同一规格的面砖，力求颜色均匀。

花色瓷砖有两类，一类在烧制前已绘有图案，仅需在施工时按图拼接即可；另一类为单色瓷砖，需经切割加工成某一图案再进行镶贴。

拼花瓷砖为砖面上绘有各种图案的釉面砖或地砖。在施工前应按设计方案画出瓷砖排列图，使图案、花纹或色泽符合设计要求，经编号和复核各项尺寸后方可按图进行施工。

2. 瓷砖图案放样

首先根据设计图案及要求在纸板上放出足尺大样，然后按照釉面砖的实际尺寸和规格进行分格。放样时应充分领会原图的设计构思，使大样的各种线条（直线、曲线或圆）及图案符合原图。同时根据原图对颜色的要求，在大样图上对每一分格块编上色码（颜色的代号），一块分格上有两种以上颜色时，应分别标出。

3. 彩色瓷砖拼图的套割

在放出的足尺大样上，根据每一分格块的色码，选用相应联色的釉面砖进行裁割，并使各色釉面砖拼成设计所需要的图案。

套割应严格根据大样图进行，首先将大样图上不需裁割的整块砖按所需颜色放上；其次，将需套割的每一方格中的相邻釉面砖按大样图进行裁割、套接。

裁割前，先在釉面砖面上用铅笔根据大样图画比需裁的分界线，然后根据不同线型和位置进行裁割。直线条可用合金钢划针在砖面上按铅笔线（稍留出 1mm 左右以作磨平时的损耗）划痕，划痕后将釉面砖的划痕对准硬物的直边角轻击一下即可折断，划痕愈深愈易折断，折断后，将所需一部分的边角在细砂轮上磨平磨直。曲线条可用合金钢划针裁去多余的可裁部分，然后用胡桃钳钳去多余的曲线部分，直至分界线的边缘外（留出 1mm），再用圆锉锉至分界线，使曲线圆润、光滑。

釉面砖挖内圆先用手摇钻将麻花钻头在需割去的范围内钻孔，当钻孔在内圆范围内形成一个个圆圈后，用小锤子凿去，然后用圆锉锉至内圆分界线。当钻孔离分界线距离较大时，也可用凿子凿去多余部分，凿时先轻轻从斜向凿去背面，再凿去正面，然后用锉刀修至分界线。

裁割完后，将各色釉面砖在大样图上拼好，如有图案或线条衔接不直不光滑，应将错位的部分重新裁判，直至符合要求。

4. 基层处理和抹底子灰

（1）对光滑表面基层应进行如下处理：

1）对光滑表面基层，应先打毛，并用钢丝刷满刷一遍，再浇水湿润。

2）对表面很光滑的基层应进行“毛化处理”。即将表面尘土、污垢清理干净；浇水湿润，用1∶1水泥细砂浆，喷洒或用毛刷（横扫）浆砂浆甩到光滑基面上。甩点要均匀，终凝后再浇水养护，直至水泥砂浆疙瘩有较高的强度，用手掰不动为止。

（2）砖墙面基层：提前一天浇水湿透。

（3）抹底子灰：

1）吊垂直，找规矩，贴灰饼，冲筋。吊垂直、找规矩时，应与墙面的窗台、腰线、阳角立边等部位面砖贴面排列方法对称性以及室内地台块料铺贴方正综合考虑，力求整体完美。

2）将基层浇水湿润（混凝土基层面尚应用水灰比为0.5内掺108胶的素水泥均匀涂刷），分层分遍用1∶2.5水泥砂浆底灰（亦可1∶0.5∶4水泥石灰砂浆），第一层宜为5mm厚用铁抹子均匀抹压密实；等第一层干至七～八成后即可抹第二层，厚度约为8～10mm，直至与冲筋大至相平，用压尺刮平，再用木抹子搓毛压实，划成麻面。

5. 预排砖块、弹线

（1）预排砖块应按照设计色样要求，一个房间，一整幅墙柱面贴同一分类规格面砖；在同一墙面，最后只能留一行（排）非整块面砖，非整块面砖应排在靠近地面或不显眼的阴角等位置；砖块排列一般自阳角开始，至阴角停止（收口）和自顶棚开始至楼地面停止（收口）。

如果水池、镜框及凸出柱面时，必须以其中心往两边对称排列；墙裙、浴缸、水池等上口和阴阳角处应使用相应配件砖块。

女儿墙顶、窗顶、窗台及各种腰线部位，顶面砖应压盖立面砖，以免渗水，引起空鼓；如遇设计没有滴水线的外墙各种腰线部位，顶面砖应压盖立面砖，正面砖最下一排宜下突3mm左右，线底部面砖应往内翘起约5mm以利滴水。

（2）弹好图案变异分界线及垂直与水平控制线。垂直控制线一般以 1m 设度为宜，水平控制线按 5～10 排砖间距一度为宜；砖块从顶棚底往地面排列至最后一排整砖，应弹置一度控制线；墙裙、踢脚线顶亦应弹置高度控制线。

在阴阳角处用废瓷砖作灰饼贴面，做出灰饼，找出墙面粘结层厚度。如无阳角条镶边，对阳角要两面挂直，如图 5-22 所示。按灰饼进行作业整个墙面做好厚度控制。并做到转角大面压小面，立面压平面的要求。

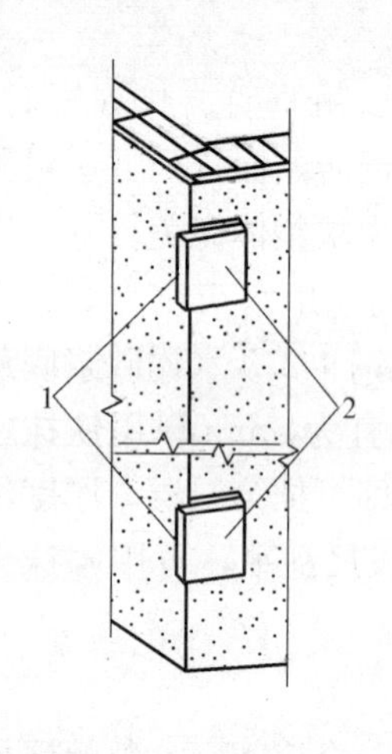

图 5-22 双面挂直
1—小面挂直靠平；
2—大面挂直靠平

6. 贴面砖

(1) 预先将釉面砖泡水浸透晾干（一般宜隔天泡水晾干备用）。

(2) 在每一分段或分块内的面砖，均应自下向上铺贴。从最下一排砖的下皮位置用钉子装好靠尺板（室内靠尺板装在地面向上第一排整砖的下皮位置上；室外靠尺板装在当天计划完成的分段或分块内最下一排砖的下皮位置控制线上），以此承托第一排面砖。

(3) 浇水将底子灰面湿润，先贴好第一排（最下一排）砖块下皮要紧靠装好的靠尺板，砖面要求垂直平正，并应用木杠（压尺），校平砖面及砖上皮。

(4) 以第一排贴好的砖面为基准，贴上基准点（可使碎块面砖），并用线坠校正，以控制砖面出墙面尺寸和垂直度。

(5) 铺贴应从最低一皮开始，并按基准点挂线，逐排由下向上铺贴。面砖背面应满涂水泥膏（厚度一般控制在 2～3mm 内），贴上墙面后用铁抹子木把手敲击，使面砖粘牢，同时用压尺校平砖面及上皮。每铺完一排应重新检查每块面砖，发现空鼓，应及时掀起加浆重新贴好。

当贴到最上一行时，要求上口成一直线。上口如没有压条（镶边），应用一面圆的瓷砖；阳角的大面一侧用圆的瓷砖；这一排的最上面一块用两面圆的瓷砖，如图 5-23 所示。

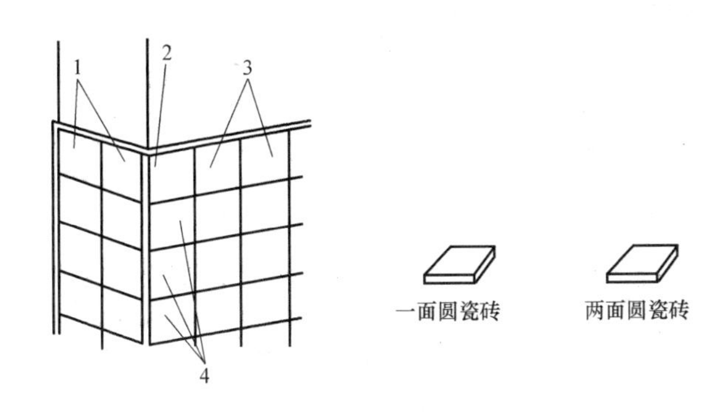

图 5-23　边角

1—面圆；2—两面圆；3、4—面圆

如墙面留有孔洞，应将瓷砖按孔洞尺寸与位置用陶瓷铅笔划好，放在一块平整硬物体上用小锤和合金钢錾子轻轻敲凿，先将面层凿开，再凿内层，凿到符合要求为止。如使用打眼器打眼，则操作简便，且可保证质量。

（6）铺贴完毕，等粘贴水泥初凝后，用清水将砖面洗干净，用白水泥浆（彩色面砖应按设计要求用矿物颜料调色）将缝填平，然后用棉纱将表面擦拭干净至不残留余灰迹为止。

7. 施工注意事项

（1）使用脚手架，应先检查是否牢靠。护身栏、挡脚板、平桥板是否齐全可靠，发现问题应及时修整好，才能在上面操作；脚手架上放置料具要注意分散并放平稳，不许超过规定荷载，严禁随意向下抛掷杂物。

（2）门窗框上沾着的砂浆要及时清理干净。

（3）使用手提电动锯机，应接好地线及防漏电保护开关，使用前应先试运转，检查合格后，才能操作。

（4）在潮湿环境施工时，应使用36V低压行灯照明。

（5）对沾污的墙柱面要及时清理干净。

（6）搬运料具时要注意不要碰撞已完成的设备、管线、埋件、门窗框及已完成粉刷饰面的墙柱面。

6　地面块料镶贴

6.1　地面砖面层铺设

地面砖面层采用陶瓷锦砖、缸砖、陶瓷地砖和水泥花砖应在结合层上铺设。构造做法，见图 6-1。

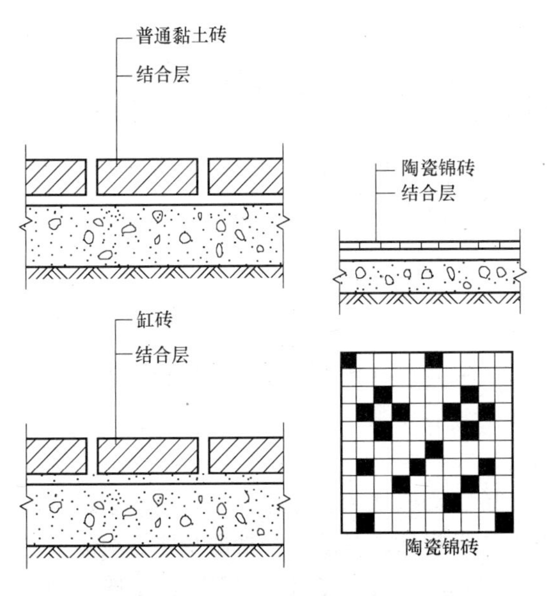

图 6-1　砖面层

6.1.1　一般规定

（1）有防腐要求的砖面层采用耐酸瓷砖、浸渍沥青砖、缸砖的材质铺设，施工质量验收应符合现行国家标准《建筑防腐蚀工程施工及验收规范》GB 50212 的规定。

（2）在铺贴前，应对砖的规格尺寸、外观质量、色泽等进行预选，浸水湿润晾干待用。

（3）勾缝和压缝应采用同品种、同强度等级、同颜色的水泥，并做养护和保护。

（4）在水泥砂浆结合层上铺贴陶瓷锦砖面层时，砖底面应洁净，每联陶瓷锦砖之间、与结合层之间以及在墙角、镶边和靠墙处，应紧密贴合。在靠墙处不得用砂浆填补。

（5）在沥青胶结料结合层上铺贴缸砖面层时，缸砖应干净，铺贴时应在摊铺热沥青胶结料上进行，并应在胶结料凝结前完成。

（6）采用胶合剂在结合层上粘贴砖面层时，胶粘剂选用应符合现行国家标准《民用建筑工程室内环境污染控制规范》GB 50325 的规定。

（7）大面积砖面层铺贴根据设计要求设置变形缝。

6.1.2 施工准备

1. 材料要求

（1）陶瓷锦砖：其技术等级、外观质量要求应符合国家现行标准《建筑陶瓷砖模数》JG/T 267 的规定。有出厂合格证及性能检测报告。

（2）缸砖、陶瓷地砖：应符合现行的国家建材标准和相应的产品的各项技术指标。有出厂合格证及性能检测报告。

（3）水泥花砖：表面光滑，图案花纹正确、颜色一致、边角方正，材料强度等级不应小于 MU15。

（4）水泥：采用硅酸盐水泥，普通硅酸盐水泥或矿渣硅酸盐水泥，强度等级不应低于 32.5 级。

（5）砂：采用洁净无有机杂质的中砂或粗砂，含泥量不大于 3%。

2. 施工机具

面砖切割机、手推车、筛子、铁锨、水平尺、刮杠、橡皮锤、铁抹子等。

3. 作业条件

(1) 大面积铺贴方案已完成，样板间或样板块已通过验收合格。

(2) 面层下的各层做法已按设计要求施工完毕并验收合格(包括面层下的管线和穿过楼地面的套管)。

(3) 室内墙面湿作业已完成，且墙面已弹好+50cm水平标高线。

(4) 门窗框要固定好，并用1∶3水泥砂浆将缝隙堵塞严实。铝合金门窗框边缝所用嵌塞材料应符合设计要求。且应塞堵密实并事先粘好保护膜。

(5) 门框保护好，防止手推车碰撞。

(6) 按面砖的尺寸、颜色进行选砖，并分类存放备用，做好排砖设计。

6.1.3 施工操作要点

1. 基层处理

楼地面各种孔洞缝隙应事先用细石混凝土灌填密实，并经检查无渗漏现象。将混凝土基层上的杂物清理掉，并用錾子剔掉楼地面超高、墙面超平部分及砂浆落地灰，用钢丝刷刷净浮浆层。如基层有油污时，应用10%火碱水刷净，并用清水及时将其上的碱液冲净。水泥类基层的抗压强度不得小于1.2MPa。

浇水湿润基层，刷水灰比为0.5素水泥浆。根据冲筋厚度用1∶3(或按设计要求)干硬性水泥砂浆(以手握成团，不泌水为准)抹铺结合层。结合层应用刮尺及木抹子压平打实(抹铺结合层时，基层应保持湿润，已刷素水泥浆不得有风干现象，结合层抹好后，以人站上只有轻微脚印而无凹陷为准)。

2. 弹线与排砖

（1）根据水平标准线和设计厚度，在四周墙、柱上弹出＋50cm水平墨线，根据＋50cm水平墨线，打灰饼及用刮尺做好冲筋。

（2）对照中心线（十字线），按照铺贴方案在结合层上弹上面层块料控制线（靠墙一行面块料与墙边距离应保持一致，一般纵横第五块面料设置一道控制线），如图6-2所示。

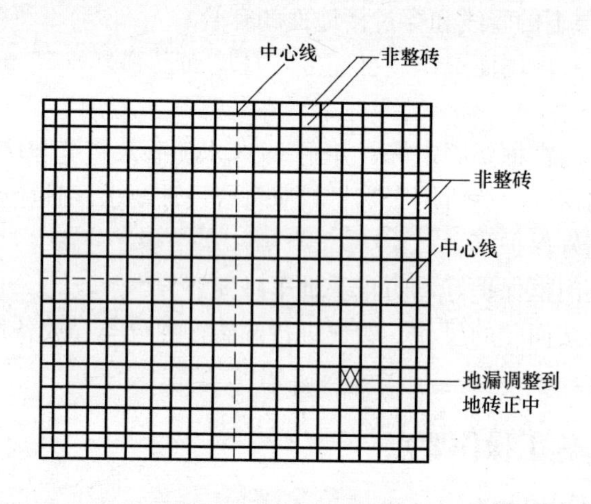

图6-2　地面地砖排砖

（3）砖的铺砌形式一般采用“直行”“对角线”“人字形”等铺法，如图6-3所示。板块的排列应符合设计要求，当设计无要求时，应避免出现板块小于1/2～1/3边长的边角料。板块排列应由房间中央向四周排列，周边板块边长不小于1/2～1/3板块边长。

（4）其他排砖要求参见上述5.1.2中相关要求。

3. 缸砖、陶瓷地砖和水泥花砖

（1）铺贴前对砖的规格尺寸、外观质量色泽等要进行预选，并预先湿润后晾干待用。其铺设构造，如图6-4所示。缸砖地面铺砌，如图6-5所示。

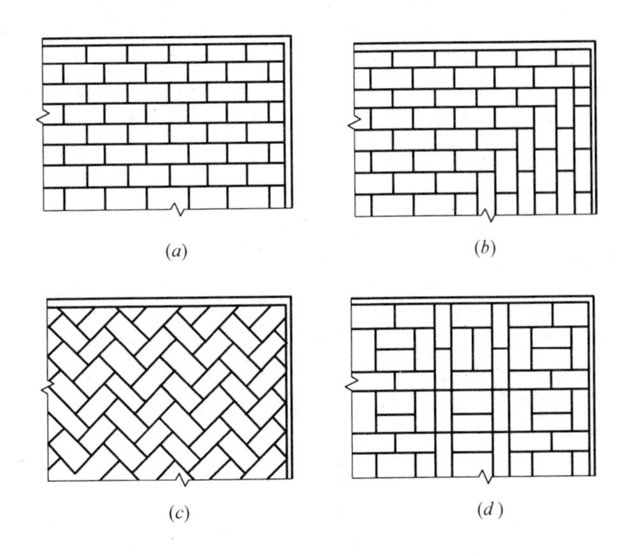

图 6-3　砖地面铺砌形式

(*a*) 直缝式；(*b*) 人字纹式；(*c*) 席纹式；(*d*) 错缝花纹式

(2) 在通道内宜铺成纵向的“人字形”，同时在边缘的一行砖应加工成 45°角，并与墙或地板边缘紧密连接。

(3) 根据控制线先铺贴好左右靠近基准行的块料，以后根据基准行由内向外挂线逐行铺贴；用水泥膏（2～3mm 厚）满涂块料背面，对准挂线及缝子，将块料铺贴上，用小木槌敲至平正；挤出的水泥膏及时清理干净（缝子比砖面凹 2mm 为宜）。

(4) 面砖的缝隙宽度应符合设计要求。当设计无规定时，紧密铺贴缝隙宽度不宜大于 1mm；虚缝铺贴缝隙宽度宜为5～10mm。

(5) 大面积施工时，应采取分段按顺序铺贴，按标准拉线镶贴，并做各道工序的检查和复验工作。

(6) 面层铺贴应在 24h 内进行擦缝、勾缝和压缝工作。缝的深度宜为砖厚的 1/3；擦缝和勾缝应采用同品种、同强度等级、同颜色的水泥，随做随清理水泥，并做养护和保护。

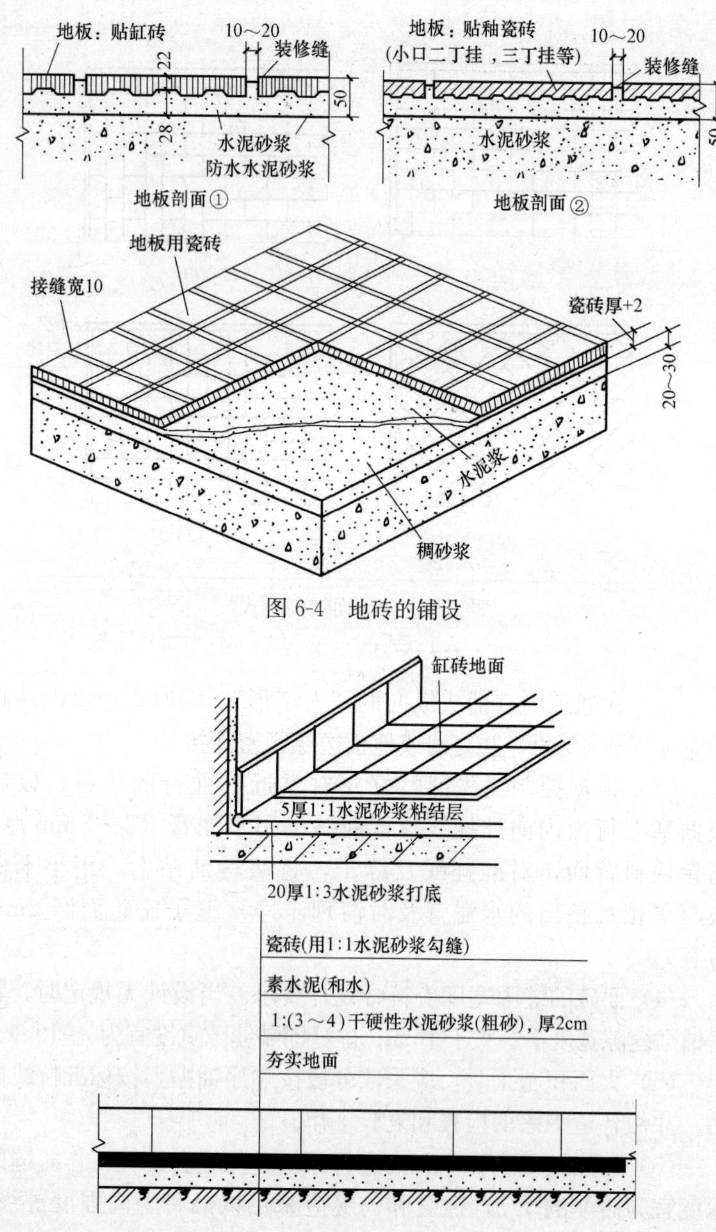

图 6-4 地砖的铺设

图 6-5 缸砖地面铺砌

4. 陶瓷锦砖（马赛克、纸皮石）

（1）根据控制线先铺贴好左右靠边基准行的块料，以后根据基准行由内向外挂线逐行铺贴；用软毛刷蘸适量水将块料表面灰尘扫净，在结合层上均匀抹一层水泥膏后，将块料贴上，并用平整木板压在块料上用木槌着力敲击至平正；将挤出的水泥膏及时清理干净；块料贴上后，在纸面刷水湿润，将纸揭去，并及时将纸屑清理干净；拨正歪斜缝子，铺上平木板，用木槌拍平打实，如图 6-6 所示。

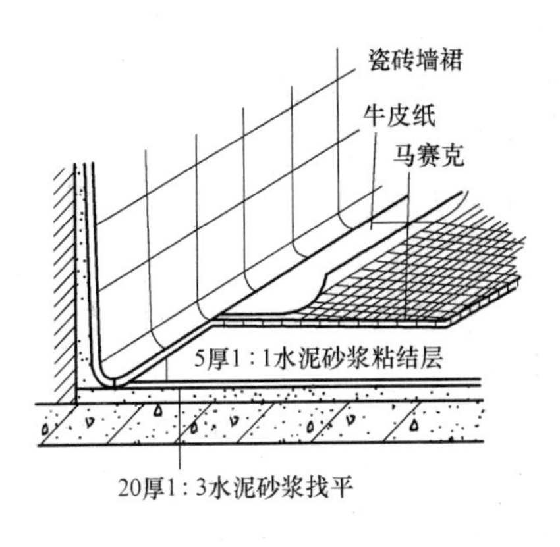

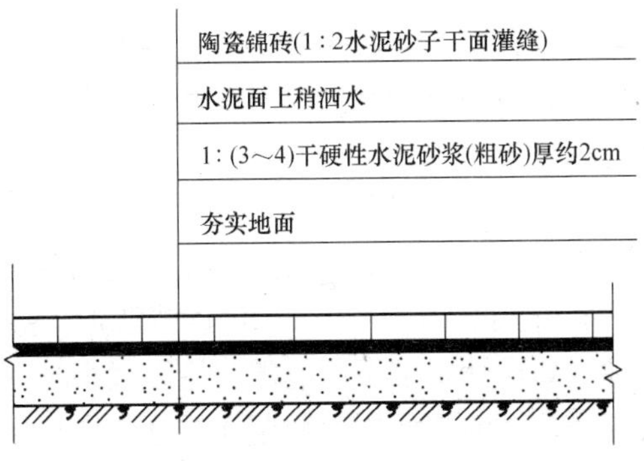

图 6-6　陶瓷锦砖地面镶嵌

（2）陶瓷锦砖底面应洁净，每联陶瓷锦砖之间、与结合层之间以及在墙角、镶边和靠墙处，均应紧密贴合，并不得有空隙。

在靠墙处不得采用砂浆填补。

（3）刮平后撒上一层水泥面，再稍洒水（不可太多）将陶瓷锦砖铺上。两间相通的房屋，应从门口中间拉线，先铺好一张然后往两面铺；单间的从墙角开始（如房间稍有不方正时，在缝里分均）。有图案的按图案铺贴。铺好后用小锤拍板将地面普遍敲一遍，再用扫帚淋水，约 0.5h 后将护口纸揭掉。

（4）揭纸后依次用 1：2 水泥砂子干面灌缝拨缝，灌好后用小锤拍板敲一遍用抹子或开刀将缝拨直；最后用 1：1 水泥砂子（砂子均要过窗纱筛）干面扫入缝中扫严，将余灰砂扫净，用锯末将面层扫干净成活。

（5）陶瓷锦砖宜整间一次镶铺。如果一次不能铺完，须将接槎切齐，余灰清理干净。

（6）交活后第二天铺上干锯末养护，3～4d 后方能上人，但严禁敲击。

5. 灌缝与养护

（1）面层铺贴应在 24h 内进行擦缝、勾缝工作，并应采用同品种、同强度等级、同颜色的水泥。宽缝一般在 8mm 以上，采用勾缝。若纵横缝为干挤缝，或小于 3mm 者，应用擦缝。

（2）勾缝：待粘贴水泥膏凝固后，根据设计要求用白水泥、颜料（色泽根据面料颜色调配）填平缝子，用锯末、棉丝将表面擦干净至不留残灰为止。

也可用 1：1 水泥细砂浆勾缝，勾缝用砂应用窗纱过筛，要求缝内砂浆密实、平整、光滑，勾好后要求缝成圆弧形，凹进面砖外表面 2～3mm。随勾随将剩余水泥砂浆清走、擦净。

（3）擦缝：如设计要求不留缝隙或缝隙很小时，则要求接缝平直，在铺实修整好的砖面层上用浆壶往缝内浇水泥浆，然后用干水泥撒在缝上，再用棉纱团擦揉，将缝隙擦满。最后将面层上的水泥浆擦干净。

（4）养护：结合层和填缝的水泥砂浆，在面层铺设后，表面应覆盖、湿润，其养护时间不应少于 7d。

6. 镶贴踢脚板

一般采用与地面块材同品种、同规格的材料，镶贴前先将板块刷水湿润，将基层浇水湿透，均匀涂刷素水泥浆，边刷边贴。在墙两端先各镶贴一块踢脚板，其上口高度应在同一水平线内，突出墙面厚度应一致，然后沿两块踢脚板上棱拉通线，用 1∶2 水泥砂浆逐块依顺序镶贴。

踢脚板的尺寸规格应和地面材料一致，板间接缝应与地面贯通，镶贴时随时检查踢脚板的平顺和垂直。

7. 成品保护

(1) 在铺贴板块操作过程中，对已安装好的门框、管道都要加以保护，如门框钉装保护铁皮，运灰采用窄车等。

(2) 切割地砖时，不得在刚铺好的砖面层上操作。

(3) 在铺贴砂浆抗压强度达到 1.2MPa 时，方可上人进行操作，但必须注意油漆、砂浆不得存放在板块上，铁管等硬器不得碰坏砖面层。喷浆时要对面层进行覆盖保护。

6.2 地面预制板块面层铺设

预制板块面层是采用混凝土板块、水磨石板块等在结合层上铺设而成，构造做法如图 6-7 所示。

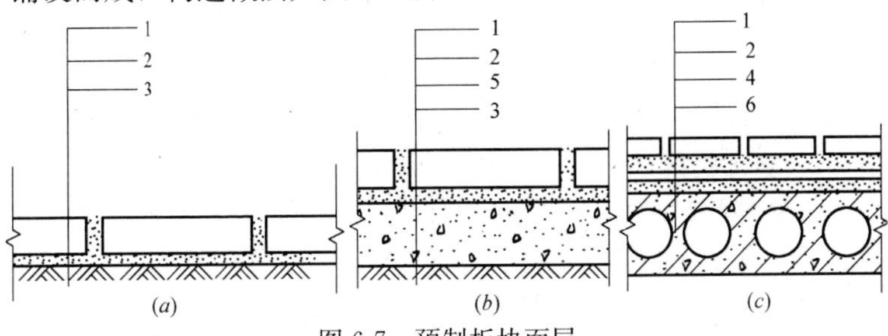

图 6-7 预制板块面层

(a) 地面构造之一；(b) 地面构造之二；(c) 楼面构造

1—预制板块面层；2—结合层；3—素土夯实；4—找平层；5—混凝土或灰土垫层；6—结合层（楼层钢筋混凝土板）

6.2.1 一般规定

（1）预制板块面层采用水泥混凝土板块、水磨石板块应在结合层上铺设。

（2）水泥混凝土板块面层的缝隙，应采用水泥浆（或砂浆）填缝；彩色混凝土板块应用同色水泥浆（或砂浆）擦缝。

（3）预制板块面层铺设应在基层上画线，从中央向四周排板，周边板块尺寸不得小于板块边长的1/2～1/3。

（4）大面积预制板块面层铺贴根据设计要求设置变形缝。

6.2.2 施工准备

1. 材料要求

（1）混凝土板块：一般为边长250～500mm，板厚等于或大于60mm，混凝土强度等级不低于C20。

（2）水磨石板块：可按设计要求进行加工，一般常用规格为400mm×400mm×25mm，要求色泽鲜明，颜色一致。

（3）板块应按颜色和花纹进行分类，有裂缝、掉角、翘曲和表面上有缺陷的板块应予剔出，强度和品种不同的板块不得混杂使用。

（4）水泥：采用硅酸盐水泥，普通硅酸盐水泥，强度等级不低于32.5级。

（5）砂：采用中砂或粗砂，含泥量不大于3%，过筛除去有机杂质，填缝用砂需过孔径3mm筛。

2. 施工机具

砂浆搅拌机、砂轮锯、木抹子、木刮杠、靠尺、水平尺、橡皮锤、尼龙线、笤帚等。

6.2.3 施工要点

1. 基层处理

楼地面各种孔洞缝隙应事先用细石混凝土灌填密实，并经检查无渗漏现象。

2. 选料

板块应按颜色和花纹尺寸进行分类，有裂缝、掉角、翘曲和表面有缺陷的板块应予剔除，强度和品种不同的板块不得混杂使用。铺贴前在垫层上画线预排编号，将石板块背面刷干净，铺贴时保持湿润。

3. 刷水泥浆

铺贴前先将基层浇水湿润，再刷素水泥浆（水灰比 0.5 左右），水泥浆应随刷随铺砂浆，并不得有风干现象。

4. 铺找平层

铺干硬性水泥砂浆（一般配合比为 1∶3，以湿润松散，手握成团不泌水为准）找平层，虚铺厚度以 25～30mm 为宜（放上板块时高出预定完成面 3～4mm 为宜），用铁抹子拍实抹平，然后进行石块的预铺。

5. 铺设面层

（1）预制板与基层的连接方式，一般有两种：一种是当预制板尺寸大而厚时，往往在板下干铺一层 20～40mm 厚砂子，待校正平整后，干预制板之间用砂子或砂浆填缝，如图 6-8（*a*）所示；另一种是当预制板小而薄时，则采用 12～20mm 厚的 1∶3 水泥砂浆胶结在基层上，胶好后再以 1∶1 水泥砂浆嵌缝，如图 6-8（*b*）所示。

（2）铺设时按预排编号进行板块的预铺，应对准纵横缝，用木槌着力敲击板中部，振实砂浆至铺设高度后，将石板掀起，检查砂浆表面与石板底相吻合后（如有空虚处应用砂浆填补），在砂浆表面先用喷壶适量洒水，再均匀洒一层水泥粉，把石板块对准铺贴。

（3）铺贴时四角要同时着落，再用木槌着力敲击至平实，注意随时找平找直，要求四角平整，纵横缝间隙对齐。铺贴顺序应从里向外逐行挂线铺贴。缝隙宽度如设计无要求时，不应大于 2mm。

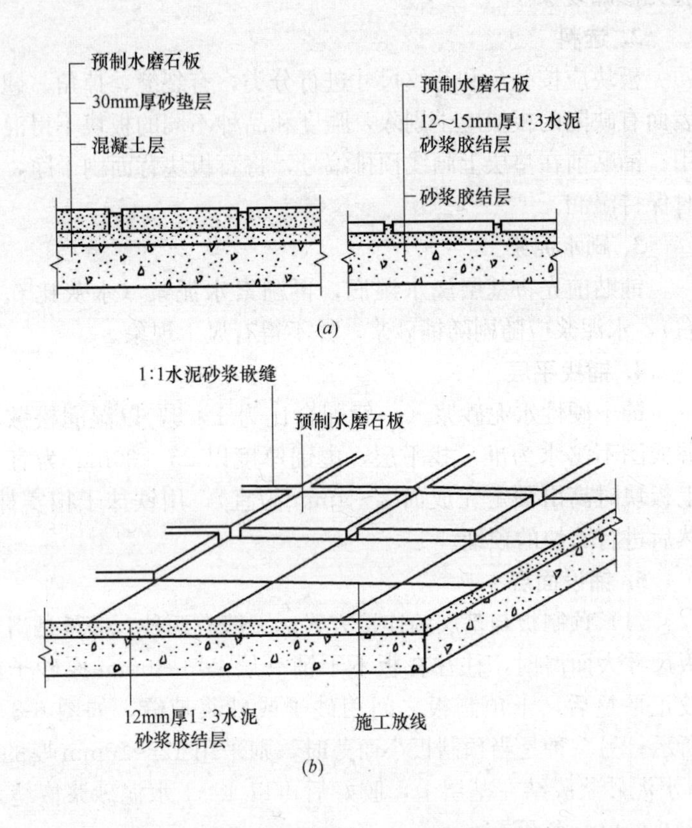

图 6-8　预制水磨石地面

(*a*) 预制板尺寸大而厚的连接；(*b*) 预制板小而薄的连接

(4) 安好后应整齐平稳，横竖缝对直，图案颜色应符合设计要求，厕浴间地面则应找好泛水。

(5) 预制板块面层铺设应连续进行，尽快完成。夏季防止暴晒，冬季应有保温防冻措施，防止受冻；在雨、雪、低温、强风条件下，在室外或露天不宜进行预制板块面层作业。

(6) 凡检验不合格的部位，均应返修或返工纠正，并制定纠正措施，防止再次发生。

6. 灌缝

铺贴完成24h后，经检查石块表面无断裂、空鼓后，用稀水泥（颜色与石板块调和）刷缝填饱满，并随即用布擦净至无残灰、污迹为止。铺好板块后两天内禁止行人和堆放物品。

7. 镶贴踢脚板

镶贴前先将板块刷水湿润，阳角接口板要割成45°角。将基层浇水湿透，均匀洗刷素水泥浆，边刷边贴。在墙两端先各镶贴一块踢脚板，其上口高度应在同一水平线内，突出墙面厚度应一致，然后沿两块踢脚板上棱拉通线，用1∶2水泥砂浆逐块依顺序镶贴。镶贴时随时检查踢脚板的平顺和垂直，板间接缝应与地面贯通。

8. 施工注意事项

（1）施工时应注意对定位定高的标准杆、尺、线的保护，不得触动、移位。

（2）对所覆盖的隐蔽工程要有可靠保护措施，不得因浇筑砂浆造成漏水、堵塞、破坏或降低等级。

（3）预制板块面层完工后在养护过程中应进行遮盖、拦挡和湿润，不应少于7d，当水泥砂浆结合层的抗压强度达到设计要求后方可正常使用。

（4）后续工程在预制板块面层上施工时，必须进行遮盖、支垫，严禁直接在预制板块面上动火、焊接、和灰、调漆、支铁梯、搭脚手架等；进行上述工作时，必须采取可靠保护措施。

6.3 地面料石面层铺设

料石面层应采用天然石料铺设。料石面层的石料宜为条石或块石两类。采用条石做面层应铺设在砂、水泥砂浆或沥青胶结料结合层上；采用块石做面层应铺设在基土或砂垫层上。构造做法如图6-9所示。

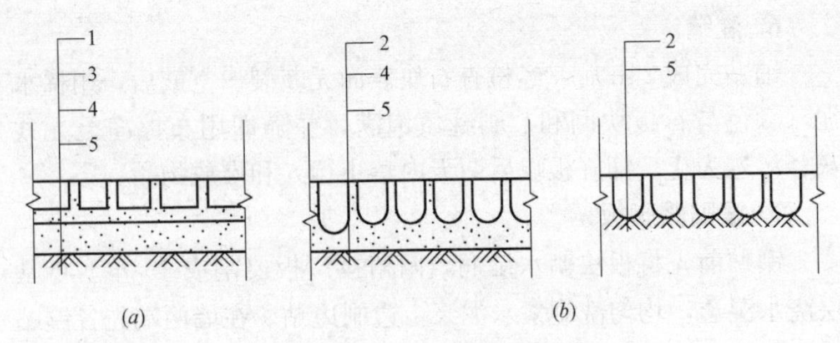

图 6-9　料石面层

(a) 条石面层；(b) 块石面层

1—条石；2—块石；3—结合层；4—垫层；5—基土

6.3.1　一般规定

（1）料石面层采用天然条石和块石应在结合层上铺设。

（2）条石和块石面层所用的石材的规格、技术等级和厚度应符合设计要求。条石的质量应均匀，形状为矩形六面体，厚度为80～120mm；块石形状为直棱柱体，顶面粗琢平整，底面面积不宜小于顶面面积的60%，厚度为100～150mm。

（3）不导电料石面层的石料应采用辉绿岩石加工制成。填缝材料亦用辉绿岩石加工的砂嵌实。耐高温的料石面层的石料，应按设计要求选用。

（4）块石面层结合层铺设厚度：砂垫层不应小于60mm；基土层应为均匀密实的基土或夯实的基土。

（5）料石面层铺设应在基层上划线，从中央向四周排块，周边板块尺寸不得小于板块边长的1/2～1/3。

（6）大面积料石面层铺贴根据设计要求设置变形缝。

6.3.2　施工准备

1. 材料要求

（1）条石采用质量均匀，强度等级不应小于MU60的岩石加工而成，其形状应接近矩形六面体，厚度宜为80～120mm。

（2）块石：采用强度等级不小于 MU30 的岩石加工而成。其形状接近直棱柱体，或有规则的四边形或多边形，其底面截锥体，顶面粗琢平整，底面积不应小于顶面积的 60%；厚度宜为 100～150mm。

（3）水泥：采用硅酸盐水泥、普通硅酸盐水泥或矿渣水泥，强度等级不应低于 32.5 级。

（4）砂：采用中砂或粗砂，含泥量不大于 3%。过筛除去有机杂质。

2. 施工机具

砂浆搅拌机、手推车、铁锨、手锤、勾缝溜子、尼龙线等。

3. 作业条件

面层下的各层做法已按设计要求施工完毕并验收合格，四周墙上已弹好+50cm 水平标高线。所用工具、机械运转正常。

（1）条石或块石进场后，按施工组织设计材料堆放区堆放材料，条石侧立堆放于场地平整处，并在条石下加垫木条。

块石按顶面对着顶面分层堆放，对材料进行检查，核对品种、颜色、规格、数量等是否符合设计要求，有裂纹、缺棱掉角，翘曲和表面有缺陷的应该剔除。

（2）地面下的暗管、沟槽等工程，均已验收完毕，场地已平整。

（3）已经绘制好铺设施工大样图，做完技术交底。

（4）冬施时，温度满足如下规定。

1）采用掺有水泥的拌合料铺设时不应低于 5℃。

2）采用砂、石铺设时，不应低于 0℃。

6.3.3 施工操作要点

1. 基层处理

基层表面应保持洁净、粗糙、湿润，并不得有积水。在垫层上划线、排块。

2. 挂线找平

根据房间四周墙上的水平标高线，确定结合层厚度。

3. 铺设结合层

铺水泥砂浆或砂结合层要均匀，用木刮杆按挂线高度刮平。采用的干硬性水泥砂浆，以手捏成团稍出浆为止。

4. 铺砌料石面层

（1）料石面层采用的石料应洁净，在水泥砂浆结合层上铺设时，石料在铺砌时应洒水湿润。

（2）料石面层铺砌时不宜出现十字缝。条石应按规定规格尺寸分类，并垂直于行走方向拉线铺砌成行，如图 6-10 所示。相邻两行的错缝应为条石长度的 1/3～1/2，一般为 0～10mm 的凹缝。铺砌时方向和坡度要正确。

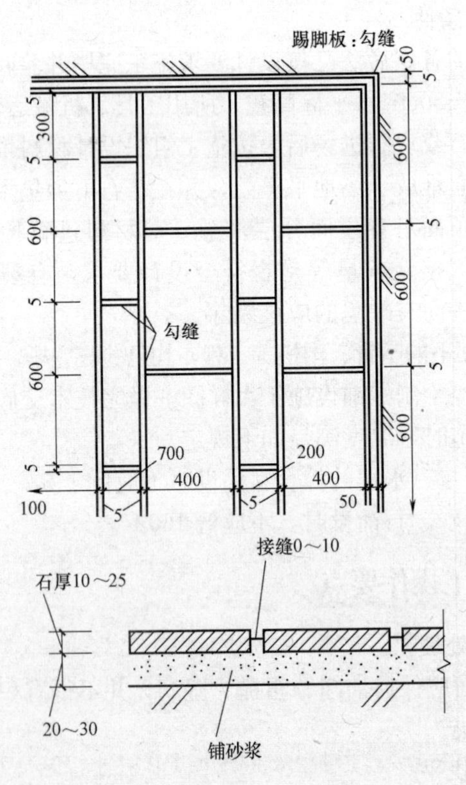

图 6-10　整形石板的铺设

(3) 异形石板的铺设，如图 6-11 所示。有的将大小石片做某种程度的整理，接缝仍然较规则；有的将石片按大小、形状，巧妙地组合起来铺装。这两种方法都要以石片分配图为参考，接缝为宽度 7～12mm 左右的凹缝，施工方法仍与规则石板的情况相同。

异形石板的铺装，也有将石材表面加以水磨或正式研磨的情况，这时接缝为宽度 3mm 以内的凹缝。

(4) 铺砌在砂垫层上的块石面层，石料的大面应朝上，缝隙互相错开，通缝隙不超过两块石料。块石嵌入砂垫层的深度不应小于石料厚度的 1/3。

(5) 块石面层铺设后应先夯平，并以 15～25mm 粒径的碎石嵌缝，然后用碾压机碾压，再填以 5～15mm 粒径的碎石，继续碾压至石粒不松动为止。

(6) 结合层和嵌缝的水泥砂浆，抗压强度达到 1.2MPa，其面层上方可准许行走。

(7) 在沥青胶结料结合层上铺砌条石面层时，应在沥青胶结料凝结前完成。采用挤压方法使沥青胶结料挤入，再用胶结料填满。

(8) 不导电料石面层的石料，应采用辉绿岩加工制成。嵌缝材料亦应采用辉绿岩石加工的砂嵌缝隙。

(9) 高温料石面层石料，应按设计要求选用。

(10) 块石结合层铺设厚度：砂垫层不应小于 60mm，基土层应为均匀密实的基土或夯实的基土。

5. 勾缝保养

在砂结合层上铺砌条石面层时，缝隙宽度不宜大于 5mm，石料间的缝隙，当采用水泥砂浆或沥青胶结材料嵌缝时，应预先用砂填至 1/2 高度，后再用水泥砂浆或沥青胶结材料填缝抹平。在水泥砂浆结合层上铺砌条石面层时，石料间的缝隙应采用同类水泥砂浆嵌抹平，缝隙宽度不应大于 5mm。

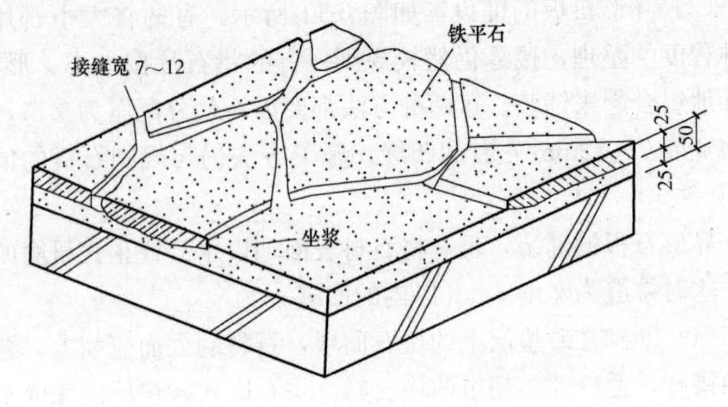

图 6-11　异形石板的铺设

6. 成品保护

(1) 运输料石和砂、石料、水泥砂浆时，要注意采取措施防止对地面基层和已完成的工程造成碰撞、污染等破坏。

(2) 防止油漆、刷浆污染已完工的料石面层。用水泥砂浆或沥青胶结料做结合层或嵌缝材料时，要注意防止污染料石面层，以免影响美观，如发生污染必须及时采取措施清理干净。

(3) 严禁在已完成的面层上拌合砂浆、堆放油漆桶及其他杂物。

(4) 运输材料时不得碰撞门口及墙，保护好水暖立管、预留孔洞、电线盒等，不得破坏、堵塞。

(5) 对用砂做结合层的料石面层待碾压、夯击密实后，才可上人行走，对用水泥砂浆做结合层和嵌缝材料的料石面层待养护期满后才可上人行走。

6.4　人行道板块铺设

人行道为道路两侧、公园、里弄供行人行走的设施。如有机动车横过地段（如商业、里弄等出入口）或机动车停放地段，应作加固处理。道路两侧的人行道为道路的组成部分，人行道与绿带或土路肩相临时，应按设计要求埋设缘石、水泥砖或红砖。广场及停车广场除设计另有规定者外，可参照本节执行。

6.4.1 材料

人行道的种类和结构。人行道按材料分为沥青混凝土和水泥混凝土两大类。水泥混凝土人行道又有一般预制块、连锁砌块和现场浇筑等。

其结构由面层、基层，必要处增加隔温垫层（如煤渣层）构成。其层次及厚度由设计确定。

1. 预制板

常用预制人行道板有以下几种：

（1）普通混凝土预制板：其尺寸为 490mm×490mm×650mm 及 490mm×245mm×65mm 的表面临槎道板。

（2）250mm×250mm×60mm 的混凝土压纹道板。

（3）250mm×250mm×60mm 的混凝土彩色压纹道板。

（4）不同形状与尺寸的彩色连锁型人行道板等。

2. 人行道预制板质量要求

（1）预制板表面不得有蜂窝、麻面、露石、脱皮、碎裂、缺边角等现象。

（2）彩色预制人行道板表面光洁，色彩均匀，纹理清晰，边角整齐，其边长允许误差：边长大于或等于 30cm 为±5mm，边长小于 30cm 为±3cm；厚度允许误差±3mm，对角线长度差为 3mm，外露面平整度小于或等于 2mm。

（3）要求混凝土的抗压强度大于或等于 30MPa。

6.4.2 基槽施工

（1）放线给高按设计图纸实地放线，在人行道两侧直线段。一般为 10m 一桩，曲线段酌情加密，并在桩橛上画出面层设计标高，或在建筑物上画出“红平”。若人行道外侧已按高程埋设侧石，则以侧石顶高为标准，按设计横坡放线。

（2）挖基槽挂线或用测量仪器按设计结构型式和槽底标高刨挖土方（如新建道路，可将路肩填至人行道槽底，不必反开挖）。接近成活时，应适当预留虚高。全部土方必须出槽，经清理找平后，用平碾碾压或用夯具夯实槽底，直至达到压实度要求，轻型击实≥95%。槽底弹软地区可按石灰稳定土基处理。

在挖基槽时，必须事先了解地下管线的敷设情况，并向施工小组严格交底，以免施工误毁。

雨期施工，必须搞好排水措施，防止泡槽。

（3）炉渣垫层施工：

1）铺煤渣按设计标高、结构层厚度加虚铺系数（1.5～1.6）将煤渣摊铺于合格的槽底上，大于5cm的渣要打碎，细粉末不要集中一处，煤渣中小于0.2mm的颗粒不宜大于20%。

2）洒水碾压根据不同季节情况，洒水湿润炉渣，水分要合适然后用平碾碾压或用夯夯实。成活后拉线检查标高、横坡度。在修建上层结构以前，应控制交通，以免人踩踢散。

6.4.3 基层施工

为了减少沥青混凝土人行道基层反射裂缝，采用炉渣石灰土、水泥混凝土人行道可采用石灰土基层，材料要求同有关章节。

1. 配料

煤渣、石灰、土按换算的体积配料，分层摊铺或分堆堆放，然后拌合。

2. 拌合

土过25mm方筛，煤渣大于5cm的块要随时打碎，未消解的石灰应随时剔除。按体积比摊铺或按斗量配，先拌一遍，然后洒水拌合不少于两遍至均匀为止。拌合过程中，必须随拌合，随均匀洒水，不允许只最后闷水。将混合料抓捏成团从约1m高处落下即散为符合要求的含水量。

3. 摊铺

将拌好的混合料按松铺厚度均匀摊开。

4. 找平

挂线应用测量仪器，按设计标高、横坡度平整基层表面及路型，此时应考虑好预留虚高。如有土路肩或绿带相邻，应进行必要的土方培边。成活后如含水量偏小或表面干燥，应适量洒水。

5. 碾压

含水量检验合格后（最佳含水量±2%），始可进行压实工作。

（1）采用人力夯时，必须一环扣一环。

（2）采用蛙式夯具时，应逐步前进，相邻行要重叠5～10cm。

（3）采用平碾时，应一档压活，错半轴压2～3遍，至压实度符合要求（轻型击实≥98%）。

（4）对井周和建筑物边缘碾压不到之处，应用人力夯或火力夯辅助压实。

6. 养护

碾压或夯实成活达到要求压实度后，挂线检验高程、横坡度和平整度，应有不少于一周的洒水养护，保持基层表面经常湿润。

6.4.4 预制水泥砖铺装

1. 复测给高

按设计图纸复核放线，用测量仪器打方格，并以对角线检验方正，然后在桩橛上标注该点面层设计标高。

2. 水泥砖装卸

预制块方砖的规格为5cm×24.8cm×24.8cm及7cm×24.8cm×24.8cm，装运花砖时要注意强度和外观质量，要求颜色一致、无裂缝、不缺棱角。要轻装轻卸以免损坏。卸车前应先确定卸车地点和数量，尽量减少搬运。砖间缝隙为2mm，用经纬仪钢尺测量放线，打方格（一般边长1～2m）时要把缝宽计算在内。

3. 拌制砂浆

采用1∶3石灰砂浆或1∶3水泥砂浆，石灰粗砂要过筛，配合比（体积比）要准确，砂浆的和易性要好。

4. 修整基层

挂线或用测量仪器检查基层竣工高程，对面积≤$2m^2$的凹凸不平处，当低处≤1cm时，可填1∶3石灰砂浆或1∶3水泥砂浆；当低处＞1cm时，应将基层刨去5cm，用基层的同样混合料填平拍实，填补前应把坑槽修理平整干净，表面适当湿润，高处应铲平，但如铲后厚度小于设计厚度90％时，应进行返修。

5. 铺筑砂浆

于清理干净的基层上洒水一遍使之湿润，然后铺筑砂浆，厚度为2cm，用刮板找平。铺砂浆应随砌砖同时进行。

6. 铺砌水泥砖

（1）根据铺筑平面设计图，在路缘石边应设置路面步砖基准点，通过基准点，应设置两条相互垂直的基准线，其中一条基准线与路缘石基准线的夹角宜为0°或45°，如图6-12所示。

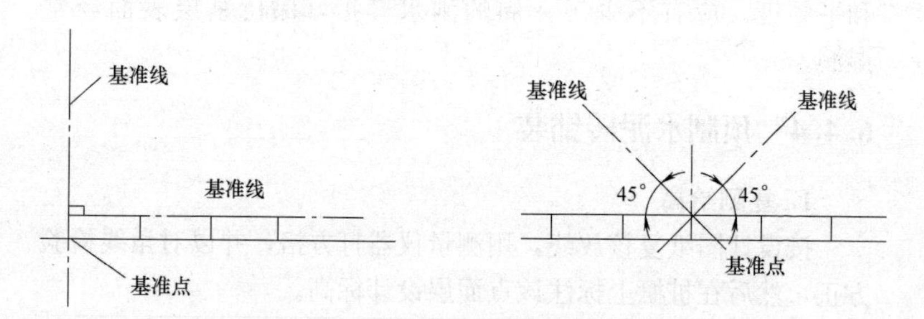

图6-12 路面砖基准点与基准线的设置

（2）设置两个及两个以上路面砖基准点同时铺筑步砖时，宜设间距为5～10m的纵横平行路面步砖基准线。

（3）根据基准点及基准线，用经纬仪定线打方格，并以对角线检验方正，然后在控制桩上标明该点面层设计标高，打方格时要把缝宽计算在内。

（4）步砖砂浆垫层一般为 1∶3 石灰砂浆或 1∶3 水泥砂浆，石灰和粗砂要过筛，配合比要准确，砂浆的和易性要好。

（5）在砂浆铺筑之前，要对基层进行修整，对小于 $2m^2$ 的凸凹不平处，当低处小于等于 1cm 时，可用砂浆填补，当大于 1 cm 时，应将基层刨去 5cm，用同基层的同样材料填平拍实，或用细石混凝土填补，填补前应把坑槽清理干净平整，表面适当湿润；高处要铲平，但如铲后厚度小于设计厚度的 90% 时，则要重新铺筑基层。

（6）将基层清理干净并洒水湿润后，开始铺筑砂浆，用刮板找平，砂浆的虚铺厚度由试验确定，步砖铺设随铺砂浆同时进行。

（7）铺砌时，按控制桩高程，在方格内由第一行砖位纵横挂线绷紧，根据挂线按标准缝宽铺筑第一行样砖，然后纵线不动，横线平移，依次按照样砖铺砌。

（8）铺砌时，直线段要保持直顺，曲线段砖间可夹砂浆按扇形发散如图 6-13（*a*）所示，也可按直线顺延铺筑，然后在边缘处用水泥砂浆补齐并刻缝，如图 6-13（*b*）所示。

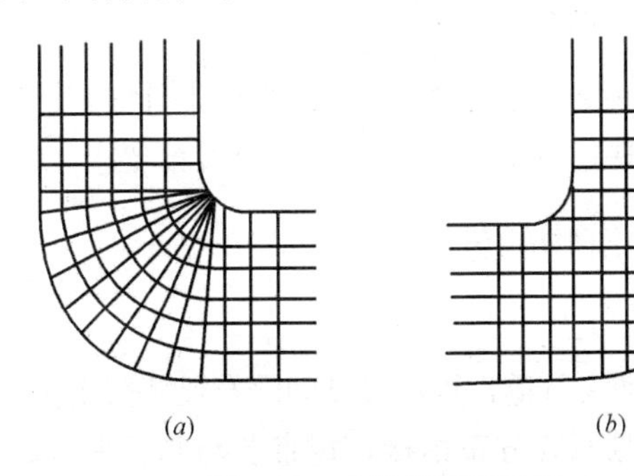

图 6-13　曲线段铺砖示意

（9）砌筑时，砖要轻拿轻放，用木槌或橡胶锤轻锤砖的中心，如砖铺的不平，应将砖拿起，垫平砂浆后重新铺筑，不准在砖底塞灰或用硬料支垫，必须使砖平铺在密实的砂浆上并稳定无动摇、无空隙。

7. 灌缝扫墁

用1∶3（体积比）水泥细砂干浆灌缝，可分多次灌入，第一次灌满后浇水沉实，再进行第二次灌满、墁平并适当加水，直至缝隙饱满。

8. 养护

水泥砖灌缝后洒水养护。

9. 跟班检查

在铺筑整个过程中，班组应设专人不断地检查缝距、缝的顺直度、宽窄均匀度以及花砖平整度，发现有不平整的预制块，应及时进行更换。

10. 清理

每日班后，应将分散各处的物料堆放一起，保持工地整洁。

6.4.5 水泥混凝土连锁砌块铺装

（1）连锁砌块条狭块小，因此平整度的要求更高，块与块的连接必须连锁紧密、齐平，不得有错落现象。

（2）铺砌不留缝，垫层用粗砂，用专用的振平板振实，灌缝用细砂，其余操作均同一般水泥砖。

（3）完工后必须表面平整光洁、图案排列整齐、颜色一致，无麻面或掉面、缺边现象，纵横坡度符合设计要求。

6.4.6 相邻构筑物的处理

1. 树穴

（1）无论何种人行道，均按设计间隔及尺寸留出树穴或绿带。

（2）树穴与侧石要方正衔接，树带要与侧石平行。

（3）树穴边缘应按设计用水泥混凝土预制件、水泥混凝土缘石或红砖围成，四面应成90°角，树穴缘石顶面应与人行道面齐平。

（4）常用树穴尺寸为75cm×75cm、75cm×100cm、100cm×100cm、125cm×125cm、150cm×150cm等。

（5）树穴尺寸应包括护缘在内。

（6）人行横道线、公共汽车站处不设树穴。

2. 绿带

（1）按设计间隔尺寸留出人行断口。

（2）绿带与人行道面层衔接处应埋设水泥混凝土缘石、水泥砖（可利用花砖）或红砖。

（3）人行横道线范围、公共汽车停车站、路口转角等处绿带一般应断开，并铺筑人行道面。

3. 电杆穴

水泥混凝土电杆不留穴。铺筑沥青人行道面或现场浇筑水泥混凝土道面时，应与电杆铺齐，铺筑水泥砖或连锁砌块道面时，应用1∶3（体积比）水泥砂浆补齐。

4. 各种检查井

（1）按设计标高、纵坡、横坡，调整各种检查井的井圈高程。

（2）残缺不全、跳动的井盖、井圈应更换。

5. 侧缘石

侧缘石如有倾斜、下沉短缺、损坏者，应扶正、调整、更新。

6. 相邻房屋

（1）面层高于门口时，应调整设计横坡度至零，或降低便道留出缺口。

（2）如相邻房屋地基与人行道高低落差较大时，应考虑增设踏步或挡土墙。

7 化工块材镶贴

7.1 自流平施工操作

自流平地面是在基层上，采用具有自行流平性能或稍加辅助性摊铺即能流动找平的地面用材料，经搅拌后摊铺所形成的地面。一般包括以下几种类型：

水泥基自流平砂浆地面是由基层、自流平界面剂、水泥基自流平砂浆构成的地面。

石膏基自流平砂浆地面是由基层、自流平界面剂、石膏基自流平砂浆构成的地面。

环氧树脂自流平地面是由基层、底涂、自流平环氧树脂地面涂层材料构成的地面。

聚氨酯自流平地面是由基层、底涂、自流平聚氨酯地面涂层材料构成的地面。

水泥基自流平砂浆-环氧树脂或聚氨酯薄涂地面是由基层、自流平界面剂、水泥基自流平砂浆、底涂、环氧树脂或聚氨酯薄涂等构成的地面。

7.1.1 一般规定

（1）自流平地面工程应根据材料性能、使用功能、地面结构类型、环境条件、施工工艺和工程特点进行构造设计。当局部地段受到较严重的物理或化学作用时，应采取相应的技术措施。

（2）自流平地面工程施工前应编制施工方案，并应按施工方案进行技术交底。

(3) 进场材料应提供产品合格证和有效的检验报告。

(4) 不同品种、不同规格的自流平材料不应混合使用，严禁使用国家明令淘汰的产品。

(5) 有机类材料应贮存在阴凉、干燥、通风、远离火和热源的场所，不得露天存放和曝晒，贮存温度应为5～35℃。无机类材料应贮存在干燥、通风、不受潮湿雨淋的场所。

(6) 施工单位应建立各道工序的自检、互检和专职人员检验制度，并应有完整的施工检查记录。

(7) 水泥基自流平砂浆可用于地面找平层，也可用于地面面层。当用于地面找平层时，其厚度不得小于2mm；当用于地面面层时，其厚度不得小于5.0mm。

(8) 石膏基自流平砂浆不得直接作为地面面层采用。当采用水泥基自流平砂浆作为地面面层时，石膏基自流平砂浆可用于找平层，且厚度不得小于2mm。

(9) 环氧树脂和聚氨酯自流平地面面层厚度不得小于0.8mm。

(10) 当采用水泥基自流平砂浆作为环氧树脂或聚氨酯地面的找平层时，水泥基自流平砂浆强度等级不得低于C20。当采用环氧树脂或聚氨酯作为地面面层时，不得采用石膏基自流平砂浆作为其找平层。

(11) 基层有坡度设计时，水泥基或石膏基自流平砂浆可用于坡度小于或等于1.5%的地面；对于坡度大于1.5%但不超过5%的地面，基层应采用环氧底涂撒砂处理，并应调整自流平砂浆流动度；坡度大于5%的基层不得使用自流平砂浆。

(12) 面层分格缝的设置应与基层的伸缩缝保持一致。

7.1.2 构造要求

1. 水泥基或石膏基自流平砂浆地面

水泥基或石膏基自流平砂浆地面应由基层、自流平界面剂、水泥基或石膏基自流平砂浆层构成，如图7-1所示。

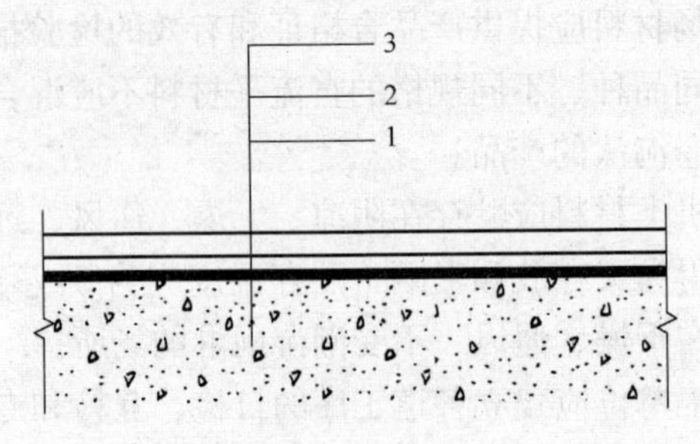

图 7-1　水泥基或石膏基自流平砂浆地面构造

1—基层；2—自流平界面剂；3—水泥基或石膏基自流平砂浆层

2. 环氧树脂或聚氧酯自流平地面

环氧树脂或聚氧酯自流平地面应由基层、底涂层、中涂层、环氧树脂或聚氨酯自流平涂层构成，如图 7-2 所示。

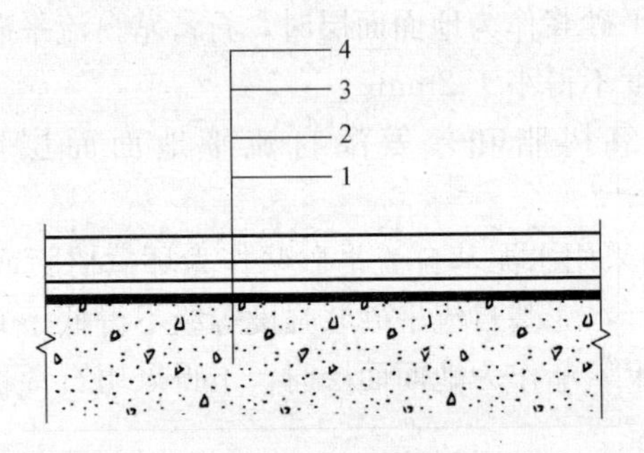

图 7-2　环氧树脂或聚氨酯自流平地面构造

1—基层；2—底涂层；3—中涂层；4—环氧树脂或聚氨酯自流平涂层

(1) 当环氧树脂自流平地面工程应用于混凝土基层表面时，混凝土基层宜一次浇注成型，且强度等级不宜小于 C25。当混凝土基层用作地面时，可同时采用 $\phi6@150$ 双向钢筋网处理。

(2) 环氧树脂自流平地面涂层应包括底涂层、中涂层和面涂层。

(3) 环氧树脂砂浆构造的自流平地面涂层应包括底涂层、中涂层和面涂层。

(4) 环氧树脂自流平砂浆地面涂层应包括底涂层、自流平砂浆面层。

（5）环氧树脂自流平地面构造各层厚度宜符合表 7-1 的规定。

环氧树脂自流平地面构造各层厚度（mm）　　表 7-1

构造	底涂层	中涂层	面涂层	总厚度
自流平地面	连续成膜无漏涂	0.5～1.5	0.5～1.5	1.0～3.0
树脂砂浆构造		3.0～5.0		4.0～7.0
自流平砂浆构造		3.0～5.0		3.0～5.0
玻璃纤维增强层	1.0(或毡布复合≥2层)			—

（6）当用于有重载或抗冲击环境时，混凝土基层应做配筋处理。

（7）混凝土底层地面应设置防潮或防水层。

3. 水泥基自流平砂浆-环氧树脂或聚氨酯薄涂地面

水泥基自流平砂浆-环氧树脂或聚氨酯薄涂地面应由基层、自流平界面剂、水泥基自流平砂浆层、底涂层、环氧树脂或聚氨酯薄涂层构成，如图 7-3 所示。

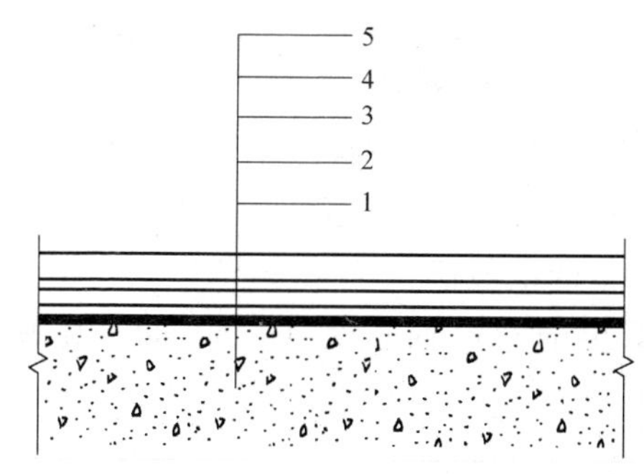

图 7-3　水泥基自流平砂浆-环氧树脂或聚氨酯薄涂地面构造图

1—基层；2—自流平界面剂；3—水泥基自流平砂浆层；
4—底涂层；5—环氧树脂或聚氨酯薄涂层

7.1.3　基层处理

1. 基层要求

（1）自流平地面工程施工前，应按现行国家标准《建筑地面工程施工质量验收规范》GB 50209—2010 进行基层检查，验收合格后方可施工。

（2）基层表面不得有起砂、空鼓、起壳、脱皮、疏松、麻面、油脂、灰尘、裂纹等缺陷。

（3）基层平整度应用2m靠尺检查。水泥基和石膏基自流平砂浆地面基层的平整度不应大于4mm/2m，环氧树脂和聚氨酯自流平地面基层的平整度不应大于3mm/2m。

（4）基层应为混凝土层或水泥砂浆层，并应坚固、密实。当基层为混凝土时，其抗压强度不应小于20MPa；当基层为水泥砂浆时，其抗压强度不应小于15MPa。

（5）基层含水率不应大于8%。

（6）楼地面与墙面交接部位、穿楼（地）面的套管等细部构造处，应进行防护处理后再进行地面施工。

2. 基层处理

（1）当基层存在裂缝时，宜先采用机械切割的方式将裂缝切成20mm深、20mm宽的V形槽，然后采用无溶剂环氧树脂或无溶剂聚氨酯材料加强、灌注、找平、密封。

（2）当混凝土基层的抗压强度小于20MPa或水泥砂浆基层的抗压强度小于15MPa时，应采取补强处理或重新施工。

（3）当基层的空鼓面积小于或等于$1m^2$时，可采用灌浆法处理；当基层的空鼓面积大于$1m^2$时，应剔除，并重新施工。

7.1.4 材料质量要求

1. 一般规定

（1）水泥基自流平砂浆性能应符合国家现行标准《地面用水泥基自流平砂浆》JC/T 985的规定。

（2）石膏基自流平砂浆性能应符合国家现行标准《石膏基自流平砂浆》JC/T 1023的规定。

（3）水泥基和石膏基自流平砂浆放射性核素限量应符合现行国家标准《建筑材料放射性核素限量》GB 6566的规定。

(4) 环氧树脂自流平材料性能应符合国家现行标准《环氧树脂地面涂层材料》JC/T 1015 的规定。

(5) 聚氨酯自流平材料性能应符合现行国家标准《地坪涂装材料》GB/T 22374 的规定。

(6) 环氧树脂和聚氨酯自流平材料的有害物质限量应符合现行国家标准《地坪涂装材料》GB/T 22374 的规定。

(7) 拌合用水应符合国家现行标准《混凝土用水标准》JGJ 63 的规定。

2. 涂料与涂层的质量要求

(1) 环氧树脂自流平地面底层涂料与涂层、中层涂料与涂层、面层涂料与涂层的质量应符合表 7-2～表 7-4 的规定。

环氧树脂自流平地面底层涂料与涂层的质量　　表 7-2

项目	技术指标
容器中状态	透明液体、无机械杂质
混合后固体含量(%)	≥50
干燥时间(h)	表干≤3;实干≤24
涂层表面	均匀、平整、光滑,无起泡、无发白、无软化

环氧树脂自流平地面中层涂料与涂层的质量　　表 7-3

项　　目	技 术 指 标
容器中状态	搅拌后色泽均匀、无结块
混合后固体含量(%)	≥70
干燥时间(h)	表干≤8;实干≤48
涂层表面	密实、平整、均匀,无开裂、无起壳、无渗出物
附着力(MPa)	≥2.5
抗冲击(1kg 钢球自由落体):1m 2m	胶泥构造:无裂纹、剥落、起壳 砂浆构造:无裂纹、剥落、起壳
抗压强度(MPa)	≥80
打磨性	易打磨

环氧树脂自流平地面面层涂料与涂层的质量　　表 7-4

项目		技术指标
容器中的状态		各色黏稠液，搅拌后均匀无结块
干燥时间(h)		表干≤8；实干≤24
涂层表面		平整光滑、色泽均匀、无针孔、气泡
附着力(MPa)		≥2.5
相对硬度（任选）	D型邵氏硬度	≥75
	铅笔硬度	≥3H
抗冲击(1kg钢球自由落体)1m		无裂纹、剥落、起壳
抗压强度(MPa)		≥80
磨耗量(750r/500g)		≤60mg
容器中涂料的贮存期		密闭容器，阴凉干燥通风处，5～25℃，6个月

（2）环氧树脂砂浆构造的自流平地面材料的质量应符合下列规定。

1）胶结料应采用环氧树脂。

2）填充材料应采用不同粒径组合而成的级配砂和粉。

3）环氧树脂砂浆的密度宜为 2.2～2.4g/cm^3。

4）现场配制的环氧树脂砂浆的颜色应均匀，并应无树脂析出现象。

5）环氧树脂砂浆构造的自流平地面涂层的质量应符合表7-5的规定。

环氧树脂砂浆构造的自流平地面涂层的质量　　表 7-5

项目	技术指标
干燥时间(h)	表干≤12 实干≤<72
涂层表面	密实、平整、均匀，无开裂、无起壳、无渗出物
附着力(MPa)	≥2.5
抗冲击(1kg钢球自由落体)2m	涂层无裂纹、剥落、起壳
抗压强度(MPa)	≥80

(3) 环氧树脂自流平砂浆地面材料的质量应符合下列规定。

1) 填充材料应采用不同粒径组合而成的级配砂和粉。

2) 级配砂和粉应保存在密闭容器中，并应清洁、干燥、无杂质，含水率不应大于0.5。

3) 环氧树脂自流平砂浆面涂层的质量应符合表7-6的规定。

环氧树脂自流平砂浆地面涂层的质量　　表7-6

项　目	技术指标
干燥时间(h,25℃)	表干≤8;实干为48～72
涂层表面	密实、平整、均匀,无开裂、无起壳、无渗出物
附着力(MPa)	≥2.5
抗冲击(1kg钢球自由落体)2m	涂层无裂纹、剥落、起壳
抗压强度(MPa)	≥75

3. 涂层耐化学品性能

(1) 在室温条件下，环氧树脂自流平地面涂层的耐化学品性能应符合表7-7的规定。

(2) 当环氧树脂自流平地面涂层需要在特种化学品介质中使用或使用条件超出规定范围时，应经试验确定。

环氧树脂自流平地面涂层的耐化学品性能　　表7-7

化学品名	性能	化学品名	性能	化学品名	性能
大豆油	耐	5%苯酚	不耐	酒精	尚耐
润滑油	耐	20%硫酸	耐(略变色)	汽油	耐
5%醋酸	尚耐	15%氨水	耐	洗涤剂	耐
1%盐酸	耐	5%氢氧化钠	耐	丙酮	尚耐
15%盐酸	耐(略变色)	10%氢氧化钠	耐	饱和食盐水	尚耐
草酸	耐	氢氧化钙	耐	甲醇	尚耐
1%甲酸	不耐	10%磷酸	耐	混合二甲苯	耐
10%乙酸	尚耐	30%磷酸	耐	甲苯	不耐
10%乳酸	尚耐	机油	耐	柴油	耐
10%柠檬酸	耐	5%硝酸	不耐	导热油	耐

注：1. 评定方法采用目测。
2. 当涂层出现浸润膨胀、粉化、凹陷、裂缝、颜色完全变化时，可判为不耐。
3. 仅仅出现表面发花、颜色轻微变化且涂层表面平整光洁时，可判为耐。
4. 当涂层出现浸润、表面发花变毛、颜色变化等现象时，可判为尚耐。

7.1.5 水泥基或石膏基自流平砂浆地面施工

1. 施工条件与机具

（1）水泥基或石膏基自流平砂浆地面施工温度应为5～35℃，相对湿度不宜高于80%。

施工温度包括环境温度及基层温度，由于水泥基或石膏基自流平中使用的聚合物和自流平界面剂在低于5℃的低温下无法成膜甚至会受冻，且各种组分在10～25℃效果最好，其流动性等性能更易发挥。采暖期间，采暖系统应关闭或调至较小档位，避免过高温度产生的开裂。施工环境湿度高于80%时，会影响自流平的表观效果。

（2）水泥基或石膏基自流平砂浆地面施工应在主体结构及地面基层施工验收完毕后进行。

（3）水泥基或石膏基自流平砂浆地面施工应采用专用机具。

主要工具有：打磨机、铣刨机、研磨机、抛丸机、吸尘器、泵送机、电动搅拌机、角磨机、镘刀、滚筒、消泡滚筒等；辅助工具为：靠尺、盒尺、钉鞋、搅拌桶、锯齿刮板等。石膏基自流平施工还需要使用专用针形滚筒或专用振动器。

2. 施工现场封闭

（1）对于在施建筑施工时，在浇筑自流平砂浆前应将排水口、边界、门口等部位封堵好。

（2）室内施工时，因室内通风会造成自流平地面开裂，因此要关闭门窗，封闭现场。施工要求基层和环境的清洁、无其他工种的干扰，不允许间断或停顿。

（3）民用建筑自流平地面施工时应关好门窗，公用建筑施工时做好现场封闭，避免有穿堂风、阳光直晒、人员踩踏，否则会影响表面的质量。

（4）无封闭现场条件时，宜采取措施或划分流水施工段，尽量避免风吹和人员踩踏。

3. 基层处理

（1）基层检查应包括基层平整度、强度、含水率、裂缝、空鼓等项目。

基层对自流平施工质量影响巨大，平整度、强度、含水率等项目是反映基层主要状况的量化数据，是自流平施工的外在条件和制定具体施工方案的依据。

（2）基层处理应根据基层检查的结果，按照上述 7.1 的处理方法进行。

在基层检测的基础上通过人工或机械对基层的平整度、强度、空鼓、裂缝等进行修补和处理，此阶段施工投入的时间、设备、人工等在整个自流平施工周期中占较大的比重，对于整个自流平施工质量起关键作用。

（3）基层不平整宜用打磨机打磨处理，大面积工程可选用铣刨机、抛丸机打磨处理，露出坚固的表面。再用吸尘器吸尘和用水冲洗，若有油污可用化学法清洗除污。基层表面不得有蜂窝、孔洞、缝隙等缺陷，若有时，应进行修补，凸出部位应剔除，凹陷部位应填平。最后做到表面彻底的清洁、平整，无明水。

（4）基层平整度应用水平仪和 2m 靠尺验收，基层平整度应不得大于 3m。混凝土抗压强度应≥20MPa，水泥砂浆抗压强度≥15MPa。

4. 涂刷界面剂

根据基层地面的情况选择相宜的界面剂，按产品说明书要求，在基层表面相互垂直的方向上至少各涂刷一遍，应涂刷均匀，不得有遗漏和局部积液。

第一遍界面剂涂刷表干后，再涂刷第二遍，使其表面无积液，干燥后，方可进行自流平施工。

5. 做施工厚度标记

施工厚度标记采用弹线放置水平标高的位置，做灰饼或泥条作为厚度标记。施工厚度按设计和工程要求，居住建筑、公用建筑不得低于 2mm，工业建筑不得低于 5mm。每次施工厚度按产品说明书进行。最终厚度应符合设计要求。

按施工方案的要求，施工现场分成若干个流水段，在每个流水段范围设置厚度标识。通常每隔 2～3m 间隔做一个。

6. 浆料制备

制备浆料可采用人工法或机械法，并应充分搅拌至均匀无结块为止。

手工操作法：精确称量好的拌合用水，倒入干净的搅拌桶内。开动电动搅拌器，徐徐加入已精确称量的水泥基自流平材料，持续搅拌 3min，搅拌至均匀无结块为止。停止搅拌 2～3min，使自流平材料充分润湿，熟化，排除气泡后，再搅拌 2～3min，使料浆成为均匀的糊状。

机械做法：将精确称量的拌合用水倒入专用搅拌机内，再倒入精确称量的水泥自流平砂浆，进行搅拌，搅拌至浆料达到均匀无结块为止，将拌合好的自流平砂浆通过专用泵泵送到施工现场。机械法制备浆料时，将拌合用水量预先设置好，再加入自流平材料，进行机械拌合，将拌合好的自流平砂浆泵送到施工作业面。自流平材料成分较多，在大型工程中建议使用机械搅拌，否则会影响分散效果。拌合时兑水量应准确，自流平材料发生反应所需水量比例是固定的，过多或过少都会降低材料的主要性能。

7. 浆料摊铺

按施工方案要求，将搅拌好的自流平浆料倒在施工面上，宜将搅拌桶中的浆料一次性倒尽，让其流展找平，必要时用自流平专用刮板辅助浆料均匀展开。

浆料摊平后静置 2～3min 后，采用消泡滚筒放气时，需注意消泡滚筒的钉长与摊铺厚度的适应性，消泡滚筒主要辅助浆料流动并减少拌料和摊铺过程中所产生的气泡及接茬，操作人员需穿钉鞋作业。

8. 养护与成品保护

施工完成后的自流平地面，应在施工环境条件下养护 24h 以上方可使用。养护期需避免强风气流，温度不能过高，当温度或其他条件不同于正常施工环境条件，需要视情况调整养护时间。水泥基自流平未达到规定龄期前，虽可上人，但易被污染，因具有一定的柔性，不耐刻画，需要进行成品保护。

施工完成后的自流平地面应做好成品保护。成品保护期间，已做好的自流平地面上不能堆放垃圾、杂物、涂料以及施工机械，避免造成沾污；不能用钝器、锐器击打或刻画自流平地面的面层，也不能在上面行走。

7.1.6　环氧树脂或聚氨酯自流平地面施工

1. 施工条件与机具

（1）施工前，应编制施工组织设计文件。施工组织设计文件应包括下列内容：

1）材料配制与施工工艺过程。

2）质量要求及检验方法。

3）人员配备及进度安排。

4）劳动保护及施工安全作业措施。

5）材料的安全储运。

（2）施工人员应经过专业技能培训和安全教育。

（3）环氧树脂或聚氨酯自流平地面施工区域严禁烟火，不得进行切割或电气焊等操作。

环氧树脂或聚氨酯材料是有机材料，可燃且有些属于易燃易爆品，所以施工过程中，仍然要严禁烟火。

（4）环氧树脂或聚氨酯自流平地面施工环境温度宜为 15～25℃，相对湿度不宜高于 80%，基层表面温度不宜低于 5℃。

环氧树脂或聚氨酯材料在 5℃以下黏度增大，流平性较差，且固化极慢，导致最终综合性能变差。在施工环境湿度 80%以上时易引起环氧树脂或聚氨酯自流平材料产生油面、发白等现象。

（5）环氧树脂或聚氨酯自流平地面面层施工时，现场应避免灰尘、飞虫、杂物等沾污。

（6）环氧树脂或聚氨酯自流平地面工程的施工人员施工前，应做好劳动防护。

（7）环氧树脂或聚氨酯自流平地面施工应采用专用机具。

主要工具有：抛丸机、研磨机、吸尘器、滚筒、消泡滚筒、锯齿镘刀、镘刀、打磨机、计量器具等；辅助工具为：毛刷、铲刀、靠尺、手推车、大小装料桶、钢丝刷、搅拌器、温湿度测量仪等。

2. 施工现场封闭

现场应封闭，严禁交叉作业。由于自流平面层较薄，易失水，产生裂纹。故施工现场应封闭，减少空气流通和穿堂风。施工时要求基层和环境清洁、无其他工序的干扰，不允许间断或停顿。

3. 基层处理与要求

（1）基层检查应包括基层平整度、强度、含水率、裂缝、空鼓等项目。

基层对环氧树脂或聚氨酯自流平施工质量影响巨大，平整度、强度、含水率等项目是反映基层主要状况的量化数据，是自流平施工的外部条件和制定具体施工方案的依据。

（2）基层处理应根据基层检查结果，按照上述 7.1.3 的处理方法进行。

（3）基层表面不得有蜂窝、孔洞、缝隙等缺陷，使表面干净，无油污，坚实，干燥、平整，无起砂等。混凝土基层强度不低于 20MPa。

（4）环氧自流平地面基层平整度为≤2mm，若＞2mm 时，宜用环氧腻子先找平，或用磨光机磨平，达到要求后，再做环氧自流平施工。

（5）环氧施工时，基层含水率小于 8%，基层应清洁、无灰尘，基层表面应有适宜的粗糙度，不允许有 0.3mm 以上的裂缝和空鼓。

（6）混凝土基层应坚固、密实，强度不应低于 C25，厚度不应小于 150mm。

(7) 混凝土基层平整度应采用 2m 直尺检查，允许空隙不应大于 2mm。

(8) 混凝土基层应干燥，在深度为 20mm 的厚度层内，含水率不应大于 80%。

4. 设立标志线和标志点

按施工方案进行，先弹线放置水平标高线的位置，然后以 2～3m^2 左右设置一个标志点。

5. 底涂制备及滚涂

(1) 施工材料的使用应符合下列规定。

1) 施工前应先进行试配，试配合格后再大面积使用。

2) 使用前，材料应混合均匀。

3) 混合后的材料应在规定的时间内用完，已经初凝的材料不得使用。

(2) 双组分的底层涂料产品应按产品说明书上提供的比例精确称量、搅拌均匀，搅拌时间应在 3min 以上。在处理好的基层上涂刷或滚涂底层涂料，其用量视地面吸收情况，按产品说明书要求。

(3) 底层涂料应按比例称量配制，混合搅拌均匀后方可使用，并应在产品说明书规定的时间内使用。涂装应均匀、无漏涂和堆涂。

底涂的用量与基层的材质关系紧密，疏松或密实的基层其耗量相差甚多，以在施工现场实测为准。底涂涂刷完毕，应能够形成连续的漆膜。

(4) 中涂材料（一般采用石英砂、石英粉或滑石粉等）应按产品说明书提供的比例称量配置，并应在混合搅拌均匀后进行批刮。

(5) 配制好的底涂层材料应均匀涂装在基面上，涂层施工应连续，并不得漏涂。

(6) 固化完全的底涂层应进行打磨和修补，并应清除浮灰。

(7) 底层涂料成膜后对不平整和有缺陷的地面进行修补，宜采用环氧砂浆腻子修补表面裂纹、孔洞和凹陷处。修补后宜用打磨机打磨平整，清除表面残渣后，再进行下一步工序。

6. 环氧中涂

（1）环氧树脂地面中涂层材料通常为双组分产品，两组分一定要精确称量，放入搅拌桶中，用电动搅拌器拌合，拌合 3min（如有特殊要求，要加入石英砂等，应按产品说明书要求进行），将配置好的环氧中涂料浆涂刷一至两遍，固化后若有不平整时可用环氧腻子找平。

（2）中涂层材料配制好后，应均匀刮涂或喷涂在底涂层上，厚度应符合设计要求。

（3）固化完全的中涂层应进行机械打磨，并应清除表面浮灰。

（4）当采用溶剂型环氧树脂自流平砂浆地面材料时，应分次施工。

（5）中涂固化后，宜用打磨机对中涂层进行打磨，局部凹陷处可采用树脂砂浆进行找平修补。

7. 面涂层的施工

（1）面涂层材料应按规定比例充分搅拌均匀后，均匀涂装在中间涂层上，用镘刀辅助刮涂流平，必要时，宜使用消泡滚筒进行消泡处理。厚度应符合设计要求。完工后，使整体面达到光亮洁净、颜色均匀。

（2）施工完成的面层，在固化过程中应采取防治污染的措施。

（3）对面层易损坏或易被污染的局部区域，应采取贴防护胶带等措施。

（4）环氧树脂自流平地面工程面层施工结束 24h 后，宜在面层表面进行封蜡处理。

8. 玻璃纤维增强隔离层的施工

（1）玻璃纤维增强层应铺设平整，树脂含量应饱满。

（2）玻璃纤维增强层厚度或层数应符合设计要求。

（3）玻璃纤维增强层的施工可采用手糊成型工艺或喷射成型工艺。

（4）当进行其他增强材料施工时，其施工要求应符合以上的规定。

9. 养护与成品保护

（1）施工完成的自流平地面，应进行养护，且固化后方可使用。

（2）养护环境温度宜为23±2℃，养护天数不应少于7d。

（3）固化和养护期间应采取防水、防污染等措施。

（4）在养护期间人员不宜踩踏养护中的环氧树脂自流平地面。

（5）施工完成的自流平地面，应做好成品保护。成品保护期间，已做好的自流平地面表面不能堆放垃圾、杂物、油漆涂料以及施工机械，避免造成沾污；不能用钝器、锐器击打或刻画自流平面层，有重物撞击或锐器刮磨的可能时，需要安置橡胶板等保护垫。搬运材料或推车要使用橡胶或PU轮胎，并派专人清理检查轮胎。80℃以上热水或热气的排放口下方，用托盘架高承接，使热水冷却后再溢出，以避免高温直接喷溅。

7.1.7 水泥基自流平砂浆-环氧树脂或聚氨酯薄涂地面施工

1. 施工条件

（1）水泥基自流平砂浆材料施工条件应符合上述7.1.5的规定。

（2）环氧树脂或聚氨酯薄涂材料施工条件应符合上述7.1.6的规定。

2. 施工工艺

（1）水泥基自流平砂浆施工工艺应符合上述7.1.5的规定。

（2）环氧树脂或聚氨酯薄涂面层施工工艺应符合下列规定。

1）水泥基自流平砂浆施工完成后，应至少养护24h，再对局部凹陷处进行修补、打磨平整、除去浮灰，方可进行下道工序。

环氧树脂或聚氨酯薄涂面层施工前对水泥基自流平进行打磨，可以确保薄涂层与水泥基自流平的粘结。

2）底层涂料应按比例称量配制，混合搅拌均匀后方可使用，并应在产品说明书规定的时间内使用。涂装应均匀、无漏涂和堆涂。

3）薄涂层应在底涂层干燥后进行。应将配制好的环氧树脂或聚氨酯薄涂材料搅拌均匀后涂刷2～3遍。

4）施工完成的自流平地面，应养护加固后方可使用。

5）施工完成的自流平地面，应做好成品保护。

3. 基层处理至自流平水泥地面施工养护

参见上述7.1.5中相关内容。

4. 环氧树脂薄涂料面层地面施工

（1）按水泥自流平地面施工并养护完毕24h后，对局部凹陷处用环氧树脂腻子修补，打磨平整后，将浮灰吹洗干净，进行下一道工序。

（2）底涂：将准确称量的底涂料进行搅拌均匀，涂刷在经环氧树脂腻子修补平整的水泥自流平面层上1～2遍。

（3）修补：对不平整的面层采用环氧树脂腻子进行修补，修补完整后打磨除尘后进行下一道面涂工序。

（4）环氧树脂薄涂料面涂：精确称量环氧树脂薄涂料，搅拌均匀后直接在上一工序完成后的面层上，通常涂刷2遍。

（5）养护：在常温下至少养护7d后，待环氧树脂涂层固化完全后方可使用。

5. 水性环氧树脂面涂施工

（1）按水泥自流平施工后将地面做好，自流平施工完工24h后，以水泥自流平为基面进行水性环氧面涂施工。

（2）底涂：按产品说明书选用专用配套的底层涂料精确称量，将搅拌均匀的料浆在处理干净平整的水泥自流平面层上进行

1～2遍涂刷。

（3）环氧腻子修补：涂刷底涂后，对不太平整的面层采用环氧腻子进行刮涂，将基面处理达到平整，符合施工要求为止。

（4）面涂：水性环氧面涂是双组分产品，拌合时应按产品说明上提供的配比精确称量，用转速为300～400r/min搅拌机搅拌均匀，搅拌时间为3min（如有特殊要求按产品说明书要求），将搅拌均匀的浆料。直接涂刷在处理好的面层上宜涂刷两遍，两遍之间间隔时间在24h以上。

（5）养护7d后，待表面完全固化有强度，方可投入使用。

7.2 塑胶地块镶贴

可供楼面面层的塑胶品种较多，如采用塑胶地板、卷材并以粘贴、干铺或采用现浇整体式的水泥类基层上铺设。板块、卷材可采用聚氯乙烯树脂、聚氯乙烯-聚乙烯共聚地板、聚乙烯树脂、聚丙烯树脂和石棉塑料板等。现浇整体式面层可采用环氧树脂涂布面层、不饱和聚酯涂布面层和聚醋酸乙烯塑料面层等。

塑胶地板一般分为卷材塑胶地板、块状塑胶地板、石英增强地板砖，软质塑料地板等。

塑胶地板特点：具有色泽丰富，拼花新颖、重量轻、有弹性、脚感舒适、耐腐蚀和不导电等性能，并有施工简单，成本不高等特点。但这种面层不耐高温、怕明火。要加强保护，防止老化，可延长使用寿命。

塑胶地板适用于人流较少的办公室、会议室、实验室、居室以及有防腐要求的楼地面工程。更适用于水泥楼地面的改善和维修。不宜用在人流较多、耐磨性要求高和高温地段。

7.2.1 一般规定

（1）铺贴塑胶地板（卷材、板块）的房间，室内相对湿度不大于80%，因为湿度过大会影响胶粘剂干固速度，塑胶地板会因外力作用（风力）产生移位，影响最终铺贴效果。

（2）应根据房间的长、宽尺寸和空间性质选择合适类型及规格的塑胶地板。以提高使用质量。

（3）铺贴塑胶地板的胶粘剂，应根据基层材质和塑胶地板面层使用要求选购。胶粘剂应存放在通风、干燥、阴凉、无明火的房间内。

（4）地面必须平整、干燥、清洁、无灰尘，无油脂及其他杂质，不得有麻面、起砂、裂缝等缺陷。最好能使用自流平找平，同时可起到隔绝湿气的作用，以防止塑胶地面起鼓。

7.2.2 材料质量控制

（1）水泥：宜采用硅酸盐水泥、普通硅酸盐水泥或矿渣硅酸盐水泥，其强度等级应在42.5级以上，不同品种、不同强度等级的水泥严禁混用。

（2）砂：应选用中砂或粗砂，含泥量不大于3%。

（3）塑胶面层：塑胶面层的品种、规格、颜色、等级应符合设计要求和现行国家标准的规定。

（4）胶粘剂：塑胶板的生产厂家一般会推荐或配套提供胶粘剂，如没有，可根据基层和塑胶板以及施工条件选用乙烯类、氯丁橡胶类、聚氨酯、环氧树脂、建筑胶等，所选胶粘剂必须通过实验确定其适用性和使用方法。如室内用水性或溶剂型粘胶剂，应测定其总挥发性有机化合物（TVOC）和游离甲醛的含量，游离甲醛的含量应符合有关现行国家规范标准。

7.2.3 基层处理及弹线定位

1. 基层处理

（1）水泥类基层表面应平整、坚硬、干燥、密实、洁净、无油脂及其他杂质，阴阳角必须方正，含水率不大于9%。不得有麻面、起砂、裂缝等缺陷。应彻底清除基层表面残留的砂浆、尘土、砂粒、油污。

（2）水泥类基层表面如有麻面、起砂、裂缝等缺陷时，宜采用乳液腻子等修补平整。修补时每次涂刷的厚度不大于 0.8mm，干燥后用 0 号铁砂布打磨，再涂刷第二遍腻子，直至表面平整后，再用水稀释的乳液涂刷一遍，以增加基层的整体性和粘结力。基层表面的平整度不应大于 2mm。

（3）在木板基层铺贴塑胶地板时，木板基层的木搁栅应坚实，凸出的钉帽应打入基层表面，板缝可用胶粘剂配腻子填补修平。

（4）地面基层平整度达不到要求，用普通水泥砂浆又无法保证不空鼓的情况下，宜采用自流平水泥处理。详见上述 7.1 中相关内容。

2. 弹线定位

铺贴塑胶地板前应按设计要求进行弹线、分格和定位，如图 7-4 所示。在基层表面上弹出中心十字线或对角线，并弹出板材分块线；在距墙面 200～300mm 处作镶边。如房间长、宽尺寸不符合模数时，或设计有镶边要求时，可沿地面四周弹出镶边位置线。线迹必须清晰、方正、准确。地面标高不同的房间，不同标高分界线应设在门框裁口线处。

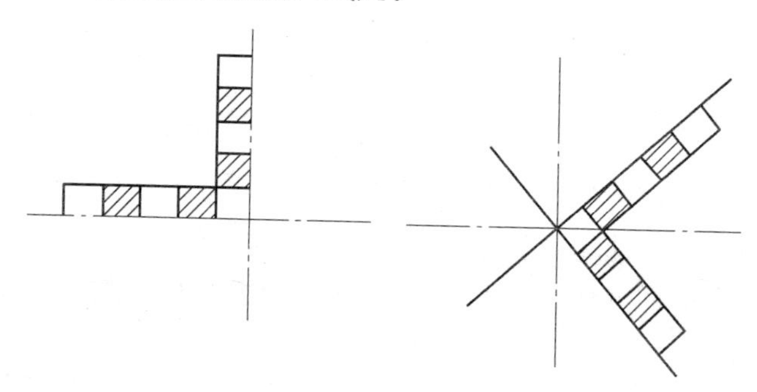

图 7-4　定位方法

7.2.4　裁切试铺及基层涂胶

塑胶地板面层铺贴形式与方法，如图 7-5 所示。

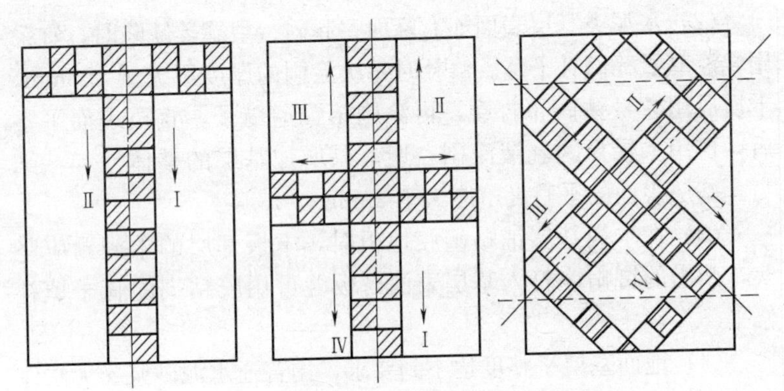

图 7-5　塑胶地板面层铺贴形式与方法

1. 裁切试铺

塑胶地板面层应以胶粘剂在水泥类基层上铺设。

按设计要求和弹线对塑胶地板料板进行裁切试铺，试铺完成后按位置对裁切的塑料板块进行编号就位。

2. 基层涂胶

（1）铺贴时应将基层表面清扫洁净后，涂刷一层薄而均匀的底胶，不得有漏涂，待其干燥后，即按弹线位置和板材编号沿轴线由中央向四面铺贴。

（2）基层表面涂刷胶粘剂应用锯齿形刮板均匀涂刮，并超出分格线约 10mm，涂刮厚度应控制在 1mm 以内。

（3）同一种塑胶地板应用同种胶粘剂，不得混用。

（4）使用溶剂型橡胶胶粘剂时，基层表面涂刷胶粘剂，同时塑料板背面用油刷薄而均匀地涂刮胶粘剂，暴露于空气中，至胶层不粘手时即可粘合铺贴，应一次就位准确，粘贴密实（暴露时间一般 10～20min）。

（5）使用聚醋酸乙烯溶剂型胶粘剂时，基层表面涂刷胶粘剂，塑料板背面不需涂胶粘剂，涂胶面不能太大，胶层稍加暴露即可粘合。

（6）使用液型胶粘剂时，应在塑料板背面、基层上同时均匀涂刷胶粘剂，胶层不需晾置即合。

（7）聚氨酯胶和环氧树脂胶粘剂为双组分固化型胶粘剂，有溶剂但含量不多，胶面稍加暴露即可粘合，施工时基层表面、塑料板背面同时用油漆刷涂刷薄薄一层胶粘剂，但胶粘剂初始粘力较差，在粘合时宜用重物（如沙袋）加压。

7.2.5 一般塑料地板的铺贴

（1）沿基准线弹出施工控制基准线网格，在地砖背面应涂胶，沿基准线向铺贴地板范围里涂满地胶，均匀涂布后用手指接触地胶，感觉黏度增强时，即是铺设地砖的最佳时间。

（2）铺贴时避免用力推挤，应先将塑料板一端对准弹线粘贴，轻轻地用橡胶滚筒将塑料板顺次平服地粘贴在地面上，粘贴应一次就位准确，排除地板与基层间的空气，用压滚压实或用橡胶锤敲打粘合密实。敲打时应从一边到另一边或从中心移向四边。

铺设时应注意花纹同向铺设，若铺设过程中有地胶渗出，未干前用湿布擦拭，略干时可用松香水和去污渍油擦拭干净。

（3）低温环境条件铺贴软质塑料板，应注意材料的保暖，应提前一天放在施工地点，使其达到与施工地点相同的温度。铺贴时，切忌用力拉伸或撕扯卷材，以防变形或破裂。

（4）铺贴时应及时清理塑料地面表面的余胶。

对溶剂型的胶粘剂可用松节水或 200 号溶剂汽油擦去拼缝挤出的余胶。

对水乳型胶粘剂可用湿布擦去拼缝挤出的余胶。

（5）塑料板接缝处必须进行坡口处理，粘接坡口做成同向顺坡，搭接宽度不小于 30mm。板缝焊接时，将相邻的塑料板边缘切成 V 形槽，坡口角 β：板厚 10～20mm 时，$\beta=65°\sim75°$；板厚 2～8mm 时，$\beta=75°\sim85°$。板越厚，坡口角越小，板薄则坡口角大。焊缝应高出母材表面 1.5～2.0mm，使其呈圆弧形，表面应平整。

（6）塑胶地板整体铺设完毕后，进行蜡养护工作，水性蜡在涂布后 20min 就会干，干燥以前不得在上面行走，放重物品，蜡干后进行第二次养护。

7.2.6 无缝塑胶地板

（1）无缝塑胶地板与一般塑胶地板的铺设对地面基层的要求基本相同。

（2）地板铺设时，沿基准线弹出施工控制基准线网格。

（3）使用PVC焊条将地板接缝融合，焊接应采用自走式焊接机。墙角则采用手焊接机施工。

（4）用专用焊缝刮平刀，紧贴地面，将突出之焊缝削平。

（5）最后对地砖表面进行清洁，再用略湿拖把涂抹水蜡以增美观，新塑胶地板面，需连打三次蜡以上。

7.2.7 氯化聚乙烯卷材的铺贴

（1）施工前被粘贴的地面应平整，干燥、无油污及灰尘，水泥地面不能有起沙和龟裂现象。平整度误差不超过3mm（用2m的靠尺），并且要做专业自流平处理。

（2）根据房间地面的尺寸和卷材的宽度，弹出分幅控制线。弹线应根据房间尺寸和卷材长度，决定纵铺或横铺，应以接缝越少越好；接缝宜与窗的投光方向平行。

按卷材铺贴方向的房间尺寸裁料，应注意用力拉直，不得重复切割，以免形成锯齿使接缝不严。使用的割刀必须锋利，宜用切割皮革用的扁口刀，以保证接缝质量。

（3）粘贴时注意粘贴次序，由中间向两边或由里面铺向门口，按要求在地面上满涂基层处理剂一层，这是在卷材背面涂胶，按照控制线位置将卷材的一端放下，再逐渐放下铺平，铺贴以后由中间向两边用手或滚筒赶平压实，排除空气，防止起鼓。

（4）若有未赶出的气泡，应将前端掀起赶出。若铺完后，发现个别气泡未赶出，可用针头插入气泡内，用针管抽出气泡内的空气，并压实粘牢。

（5）在铺贴第二卷时，使用搭接方法，搭接尺寸为20mm

左右，在搭接居中弹线，垂直裁切，压实贴牢。

（6）卷材铺好后，用软布配软蜡满涂地面1～2遍，待蜡稍干后用软布擦拭，直至光亮，光滑为止。

7.2.8 一般橡胶地板

（1）施工前被粘贴的地面应平整、干燥、无油污及灰尘，水泥地面不能有起沙和龟裂现象。

平整度误差不超过3mm，并且要做专业自流平处理。

（2）粘贴施工温度最好在4℃或5℃以上，湿度≤50%条件下进行。

（3）在清洁处理干净的地面上和地板背面用鬃刷均匀涂胶两遍，每次涂胶厚度为0.5mm左右，涂胶不宜过厚，涂胶后晾3～6min，以手触胶面不粘手为准，即可粘贴（如手指触摸时，带起胶丝则说明时间不够，即溶剂没有完全发挥，此时不能粘贴）。

（4）粘贴时地板和地板之间自然接触，不得用力推挤，对齐后由一面顺势贴压，赶出空气，并以辊子辊压，使地板与地面充分粘合。

（5）在施工过程中应注意，溶剂必须完全挥发，否则易引起地板起鼓、翘边等施工质量问题。

7.2.9 塑胶踢脚板铺贴

塑胶地板一般采用靠墙角垫条和成品收边条作为踢脚，其铺贴的要求和板面相同。

（1）按已弹好的踢脚板上口线及两端铺贴好的踢脚板为标准，挂线粘贴，铺贴的顺序是先阴阳角、后大面。踢脚板与地面对缝一致粘合后，应用橡胶滚筒反复滚压密实。

（2）阴角塑胶踢脚板铺贴时，先将塑胶板用两块对称组成的木模顶压在阴角处，然后取掉一块木模，在塑料板转折重叠处，划出剪裁线，剪裁试装合适后，再把水平面45°相交处的裁口焊好，作成阴角部件，然后进行焊接或粘结，如图 7-6 所示。

（3）阳角踢脚板铺贴时，需在水平封角裁口处补焊一块软板，做成阳角部件，再行焊接或粘结，如图 7-7 所示。

（4）若踢脚板也用卷材粘贴，应先做地面再做踢脚，踢脚卷材应压地面，避免阴角处的接缝明显。粘贴时以下口平直为准。

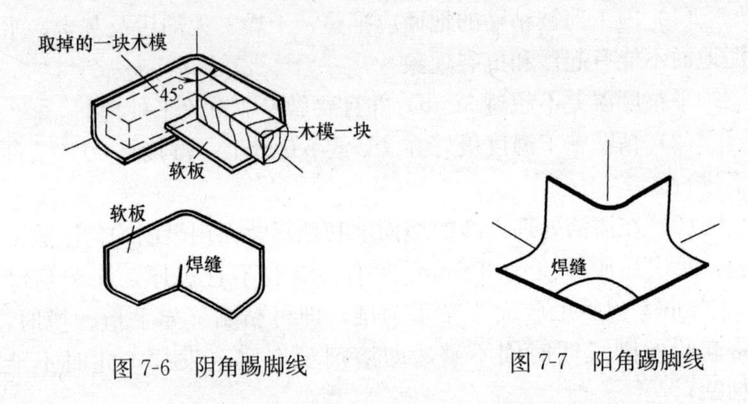

图 7-6　阴角踢脚线　　图 7-7　阳角踢脚线

8 石 材 湿 挂

8.1 石材饰面排布、转角及拼接形式

8.1.1 墙、柱面石材饰面排布要求

（1）石材饰面排布时，应注意石材饰面模数和建筑模数的配合，特别是墙体开洞处和石材饰面之间模数的关系，避免不足模数的石材出现。

（2）墙、柱同时选择石材饰面时应注意整体分块、分缝的协调统一，相同材质的墙、柱两者无论横向或竖向分缝都应保持基本相同的模数。

（3）墙面石材分缝排板应以阳角处为整块（完整模数），非整块（不足模数）宜安排在阴角处，如图 8-1 所示。

（4）墙体门洞处的石材分缝排板，应将整块（完整模数）安

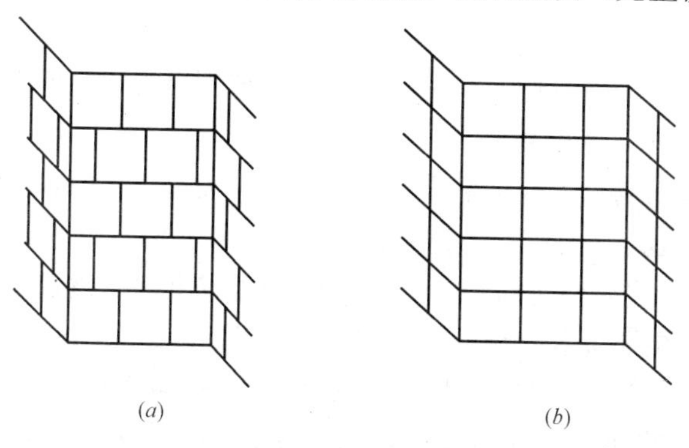

图 8-1　墙面石材分缝排板

（a）阳角处为整块；（b）非整块安排在阴角处

排在窗边、门边，如图 8-2（*a*）所示。当洞口的高度和石材分块无法对应，可将其不对应之处作特殊处理，可选用其他材料进行装饰，如图 8-2（*b*）所示。

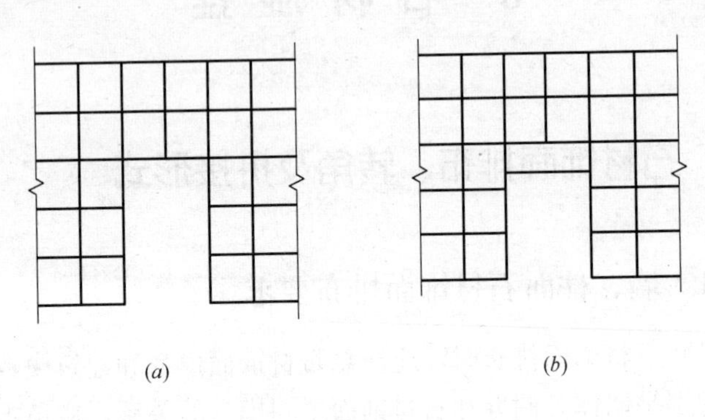

图 8-2　墙体门洞处的石材分缝排板
（*a*）窗边、门边为整块；（*b*）不对应处的处理

8.1.2　地面石材饰面排布要求

（1）地面石材饰面排布，应注意和墙、柱的关系，分块大小应和建筑空间的大小相适应。

（2）地面石材设计分缝时宜与墙、柱分缝相接或有规律相接。

（3）地面石材饰面在设计拼花时，特别是现代几何图形，应注意和石材分缝相关联。

（4）石材饰面在地面设计圈边（俗称波打线）时，应注意以下几个问题：

1）必须完整交圈，要防止后续的散热器罩、家具的遮盖，造成圈边的不完整。

2）遇墙体转角处宜保持等宽收边，并在阴阳角转折处以尖角和墙角的连线作为分块线，如图 8-3（*a*）所示。如阴阳角尺寸过小或不规律时，应用大的阴阳角将其包含在内，以保证视觉的完整性，如图 8-3（b）所示。

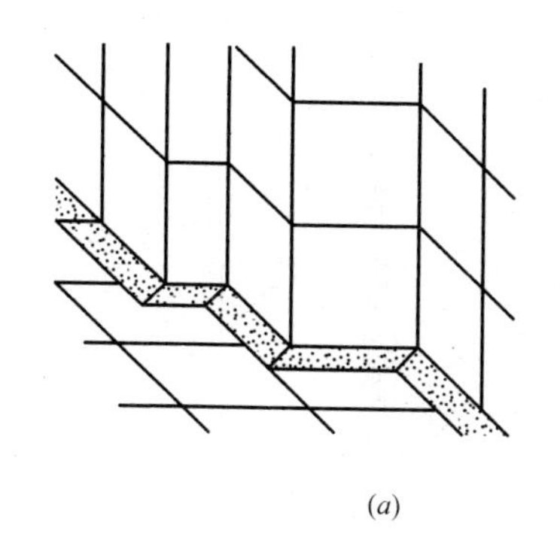

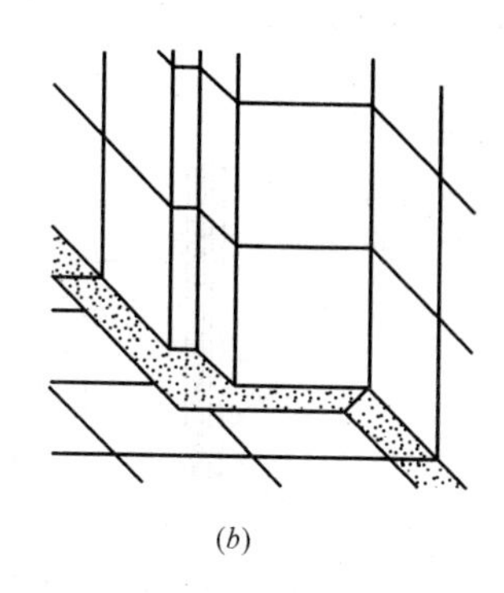

图 8-3 墙体转角处排板

3）圈边在门口时，注意将圈边加宽至门槛或门扇下，如图 8-4 所示。

（5）室内石材地面的排板分缝宜以进门处为起始点向内排板，保证进门处为整块。

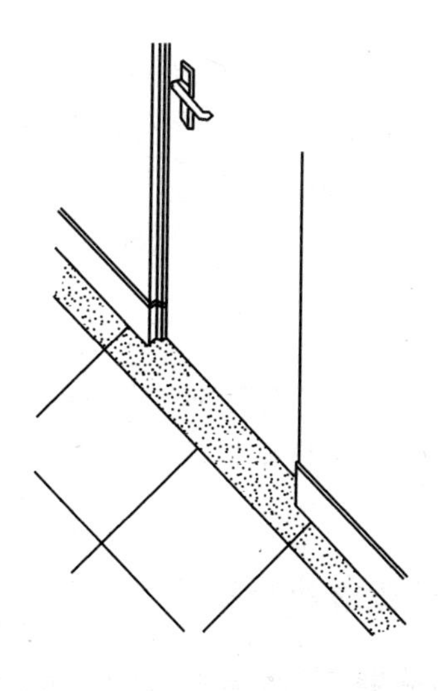

图 8-4 内石材地面的排板分缝

（6）同一平面的两个房间在采用同一种石材地面时，宜使其分块、分缝连贯，如图 8-5 所示。

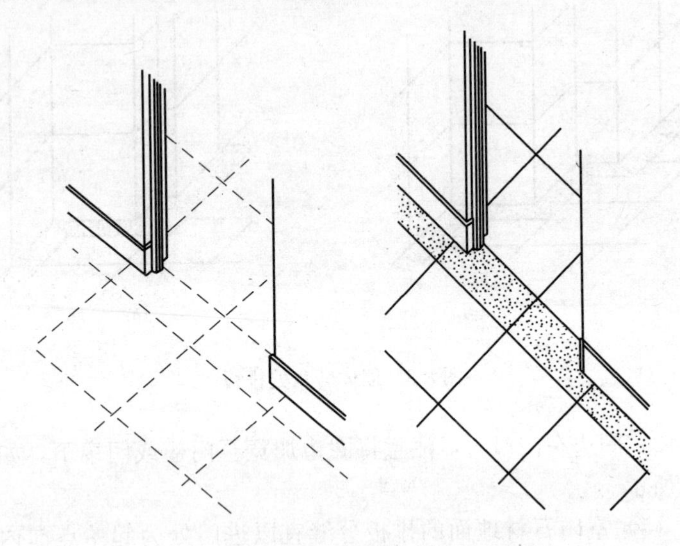

图 8-5　相邻房间石材地面石材连贯方式

（7）地面石材排板应先绘制出排板图，避免出现小窄条，影响装饰效果。当标准块不能满足时，如图 8-6（*a*）所示，可采用非标准块，如图 8-6（*b*）所示。

方形和圆形拼花由里向外逆时针编号排板图，如图 8-7 和图 8-8 所示。

（8）当地面石材与线条造型复杂的墙、柱相接时，宜将墙、柱与地面的交接采用立面压平面的办法，即墙压地。

（9）楼梯休息平台块材排板，宜以梯井两侧为基线，对称排列。

8.1.3　饰面石材转角处理形式

建筑物的石材墙角、柱角应充分考虑其承受碰撞、冲击等因素，不宜采用锐角。其处理形式，如图 8-9 所示。

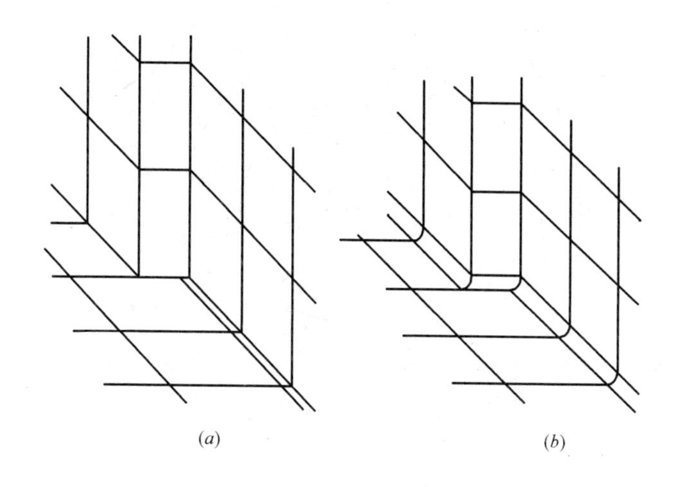

图 8-6　地面石材排板

（a）错误排法；（b）正确排法

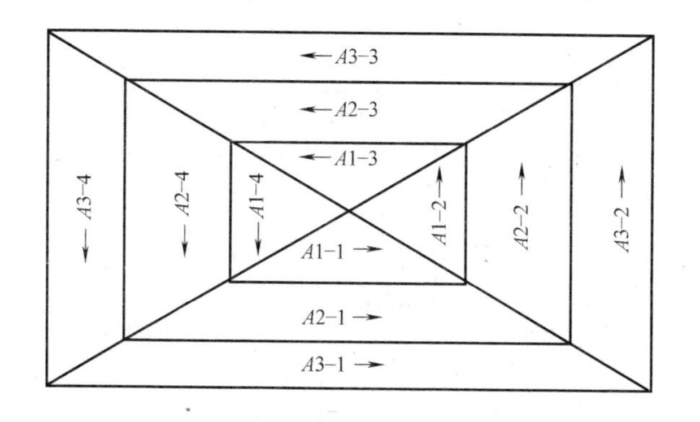

图 8-7　方形拼花由里向外逆时针编号排板图

8.1.4　石材板块间拼接处理形式

石材板块间拼接处理形式，如图 8-10 所示。

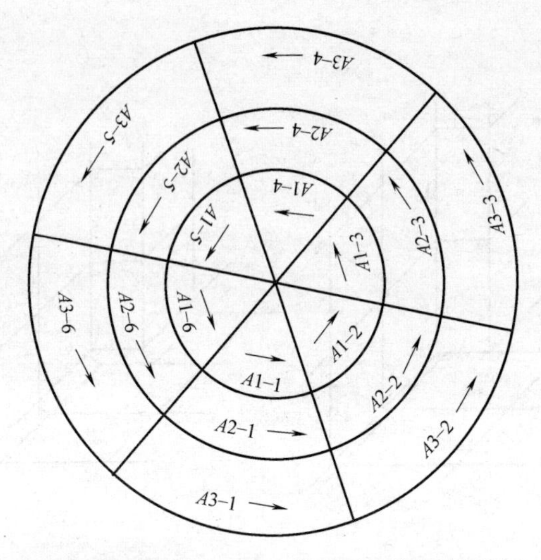

图 8-8 圆形拼花由里向外逆时针编号排板图

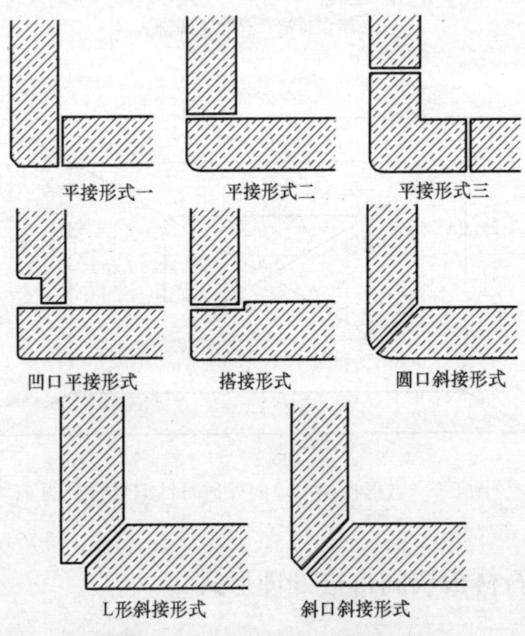

图 8-9 饰面石材转角处理形式

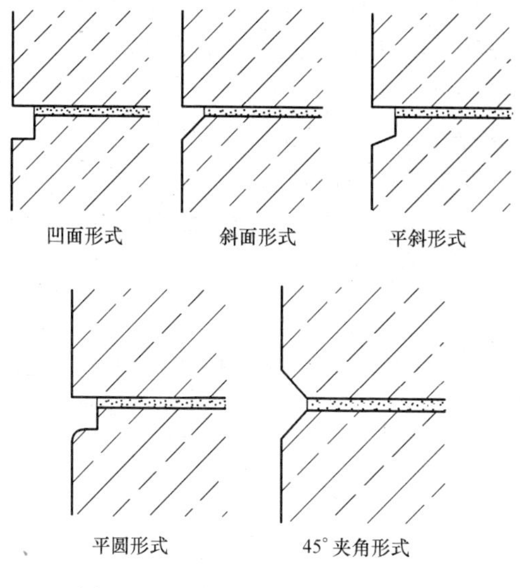

图 8-10　石材板块间拼接处理形式

8.2　墙面湿（挂）贴石材饰面施工

薄型小规格块材（边长小于 40cm），推荐采用湿作业法（也称满贴法、粘贴法）施工。大规格块材（边长大于 40cm）“安装法”（也称挂贴安装法）施工。

8.2.1　施工准备

1. 技术准备

（1）对饰面板工程的施工图、设计说明及其他设计文件进行会审。

（2）材料的产品合格证书、性能检测报告、进场检验记录和花岗石放射性检测报告。

（3）湿贴饰面板的墙柱基体质量验收合格记录，墙体上机电设备安装管线等隐蔽工程验收记录。

（4）饰面板安装工程的预埋件（或后置件）连接的数量、规格、位置、连接方法和防腐处理符合设计要求。后置件现场拉拔性能检测合格。

2. 材料准备

（1）工程开工前项目部技术人员应制定出材料试验计划。

（2）材料进场后项目部及建设、监理单位对材料应先进行外观检验，并符合下列要求：

1）产品要印有生产厂名、商标。

2）产品用纸箱包装，在箱内衬有防潮纸。

3）每箱内必须有盖有检验标志的产品合格证、检验报告和产品使用说明。

4）包装箱表面应注明生产厂名、商标、出厂批号、产品名称、规格、数量、重量、产品等级、色号、防潮和易碎品标志，并应符合设计要求。

（3）在墙面贴饰面板工程施工之前，应对各种原材料进行复验，并符合下列规定。

1）饰面板应具有生产厂的出场检验报告及产品合格证，并复验合格。

2）粘贴墙面饰面板所用的水泥、砂、胶合剂等材料，进场应进行复验，合格后方可使用。

（4）工程施工前应进行现场取样并报送到指定检验部门进行复验。

1）饰面板的吸水率和抗冻性；室内用花岗岩的放射性。

2）粘贴用水泥的凝结时间、安定性和抗压强度。

3）粘贴饰面板的粘结强度；安装饰面板后置埋件的抗拔强度。

4）水泥：宜用强度等级为32.5普通硅酸盐水泥。应有出厂合格证明及复试报告，若出厂超过3个月应按试验结果使用。

5）砂子：粗砂或中砂，用前过筛。含泥量不大于3%。

6）大理石、磨光花岗岩、预制水磨石等规格、颜色符合设计和图纸的要求，应有出厂合格证明及复试报告。但表面不得有隐伤、风化等缺陷。不宜用易褪色的材料包装。

7）其他材料：如熟石膏、铜丝或镀锌铅丝、铅皮、硬塑料板条、配套挂件（镀锌或不锈钢连接件等）；尚应配备适量与大理石或花岗石、预制水磨石等颜色接近的各种石渣和矿物颜料；粘结胶和填塞饰面板缝隙的专用塑料软管等。

（5）在粘贴饰面板之前，应先做样板件，饰面板粘结强度经检测合格后方可施工。在安装饰面板之前，应先对后置埋件进行抗拔检测，合格后方可施工。

（6）饰面板工程施工前，首先应编制详细的专项施工方案，做出样板，经建设、设计和监理等单位根据有关标准确认后方可施工。

3. 主要机具

磅秤、铁板、半截大桶、小水桶、铁簸箕、平锹、手推车、塑料软管、胶皮碗、喷壶、合金钢扁錾子、合金钢钻头（ϕ5，打眼用）、操作支架、台钻、铁制水平尺、方尺、靠尺板、底尺[(3000～5000)mm×40mm×(10～15)mm]、托线板、线坠、粉线包、高凳、木楔子、小型台式砂轮、裁改大理石用砂轮、全套裁割机、开刀、灰板和铅皮（1mm厚）、木抹子、铁抹子、细钢丝刷、笤帚、大小锤子、小白线、铅丝、擦布或棉丝、钳子、小铲、盒尺、钉子、红铅笔、毛刷、工具袋等。

4. 作业条件

（1）办理好结构验收。预留孔洞及各种管道应处理完毕，并准备好加工饰面板所需的水、电源等。

（2）墙面弹好纵横控制线（室外墙面弹好±0.00水平标高控制线）。

（3）吊篮或脚手架提前搭设好，并符合施工安全和操作要求。

（4）有门窗套的必须把门框、窗框安装好，边缝塞堵密实并事先粘贴好保护膜。

（5）大理石、磨光花岗岩或预制水磨石等进场后应堆放于室内，下垫方木，核对数量、规格，并预铺、配花、编号等，以备正式铺贴时按号取用。

（6）大面积施工前应先做样板，经质检部门鉴定合格后，还要经过设计、甲方、监理、施工单位共同认定。方可组织班组按样板要求施工。

（7）对进场的石料应进行验收，颜色不均匀时应进行挑选，必要时进行试拼选用。

（8）饰面板工程的粘贴施工尚应具备下列条件：

1）基体按设计或规范要求处理完毕。

2）日最低气温在0℃以上。当低于0℃时，必须有可靠的防冻措施。

3）基层含水率宜为15％～25％。

4）施工现场所需的水、电、机具和安全设施齐备。

5）门窗洞、脚手眼、阳台和落水管预埋件等处理完毕。

（9）应合理安排整个工程的施工程序，避免后续工程对饰面造成损坏或污染。

8.2.2 粘贴法施工

粘贴法（也称粘结法）仅适用于石材厚度不大于30mm、室外高度不大于3.5m、室内高度不大于6m的石材墙、柱面以及地面石材的安装，圆柱石材饰面不应采用粘贴法。薄型（一般指厚度在8～15mm之间的板材）石材可采用粘结法，超薄（一般指厚度3～8mm之间的板材）石材复合板也可采用粘贴法施工。

1. 粘贴方法分类及要求

厚度不大于20mm的石材粘结安装可采用粘结剂满贴法、环氧类胶干贴法、水泥砂浆湿贴法三种方法，厚度大于20mm且不大于30mm的石材应采用水泥砂浆湿贴法。小规格石材线条可按粘贴法施工。

（1）粘结剂满贴法：适用于单块石材面积不大于0.36m^{2}的

饰面石材。粘结剂厚度应根据石材的规格、厚度确定，厚度不应小于 2mm，且不大于 5mm。

（2）环氧类胶干贴法：安装的饰面石材可采用直接粘贴法和钢架粘贴法两种方法。

1）直接粘贴法仅适合饰面石材与墙面净空距离不大于 5mm 的饰面石材的安装，并可分为密缝和分缝两种形式。直接粘贴法饰面石材的胶点布置、纵横间距应按图 8-11 和图 8-12 的规定，同时应符合以下要求：

单块石材面积应不大于 1.0m^2。单块石材胶的总面积（即每块石板上各点点涂面积之和）：当饰面石材规格符合图 8-11 的要求，胶的总面积不应小于 90cm^2/50kg；当饰面石材规格符合图 8-12 的要求，胶的总面积不应小于 120cm^2/50kg。每点点涂直径不应小于 ϕ40。

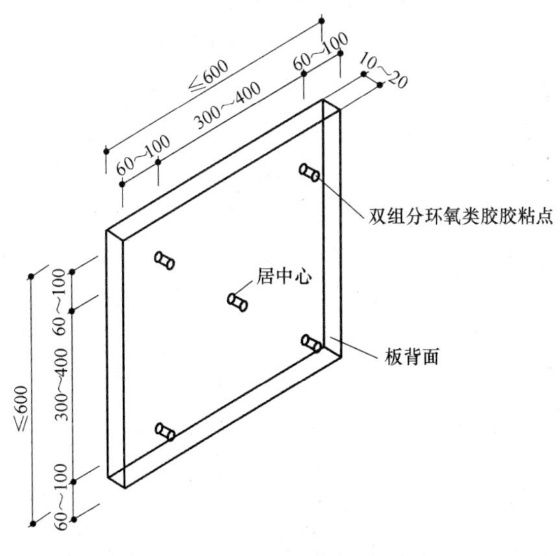

图 8-11　干贴法胶点布置示意图（一）

2）钢架粘贴法可分为密缝和分缝两种形式，应在设计粘结点位置焊接冷弯不锈钢短角钢角码，粘结点位置角钢横梁和不锈

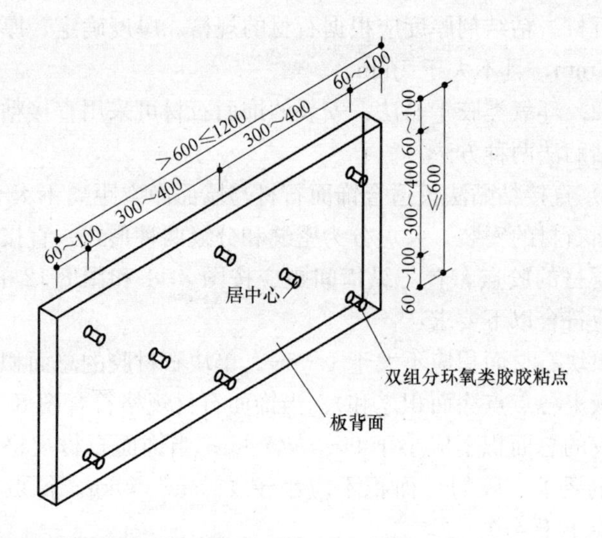

图 8-12　干贴法胶点布置示意图（二）

钢短角钢角码应钻 $\phi 6$ 的中心孔，以便石材安装就位时能将部分胶体从中心小孔挤出余胶，形成锚固点。20mm 厚的单块石材面积不应大于 1.0m^2，单块石材的粘结点不应小于 4 个，每个粘结点的面积不应小于 40mm×40mm，粘结胶厚度宜为 5mm。

干粘法粘接点中心距板边不应大于 120mm，两个粘接点中心距不宜大于 600mm，边长不大于 850mm 的 20mm 厚板每边可设两个粘接点，边长大于 850mm 时应增加 1 个粘接点。

（3）水泥砂浆湿贴法：墙柱面采用水泥砂浆湿贴法安装的石材，单块面积不宜大于 1.0m^2。石材板块需钻孔时，应在石材板块粘贴面上下两侧各钻 2 个孔径 5mm、孔深 15mm 的直孔，如图 8-13 所示，也可采用图 8-14 的钻孔方法。

2. 选料预排

（1）石板块应按设计图纸要求，将尺寸规格相同，颜色基本一致分类放好备用。

（2）按基层尺寸和板材尺寸及所留缝隙，预先排板。排板时要把花纹颜色加以调整。相邻板的颜色和花纹要相近，有协调

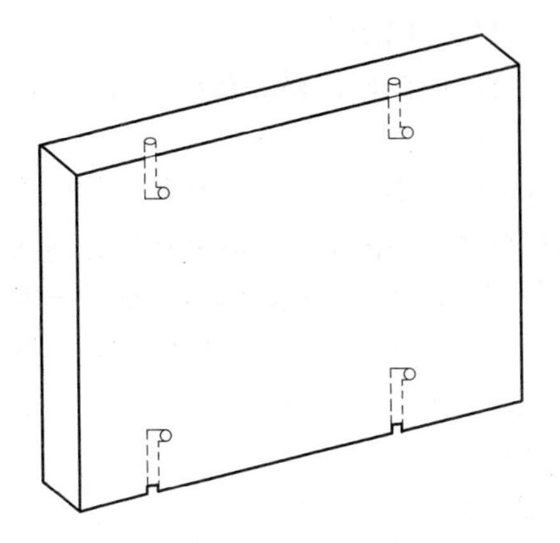

图 8-13 湿贴法石材板块钻孔方法（一）

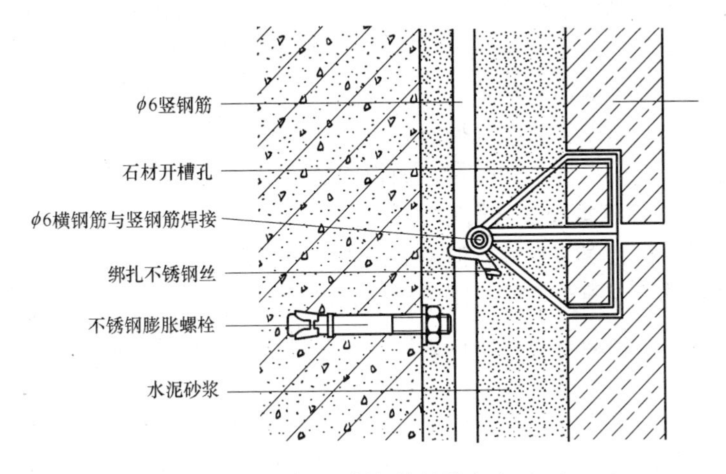

图 8-14 湿贴法石材板块钻孔方法（二）

感、颜色均匀感。不能深一块浅一块，相邻两板花纹差别较大，造成反差强烈一片混乱的感觉。

（3）板材预排后要背对背、面对面编号，按顺序竖向码放，而且在粘贴前要对板材进行润湿，阴干后备用。

3. 石材粘结剂满贴法施工

（1）基层应平整，但不应压光。中层抹灰用木抹搓平后检查平整度、立面垂直度、阴阳角垂直度。

（2）粘贴石材前应按设计要求对基层和石材粘贴面及四个侧面进行界面处理。

（3）采用符合设计要求的粘结剂粘贴石材。先将粘结剂分别刷抹在基层面和石材粘贴面上，刷胶要均匀、饱满，粘结剂厚度应符合设计要求。然后准确地将石材板块粘贴于墙、柱面上，立即挤紧、找平、找正，并进行顶、卡固定。对于挤出缝外的粘结剂应随时清除。对于板块安装位置上的不平、不直现象，可用扁而薄的木楔来调整，小木楔上应涂上粘结剂后再插入。

当采用灰浆粘贴时，对基层洒水润湿，薄抹一层素水泥浆，将经过界面处理的石材粘贴面刮抹 2～3mm 厚的素水泥浆进行粘贴，素水泥浆应满抹、满刮，厚薄均匀。粘贴就位后应用木槌轻敲使之固定。操作时可使用靠尺找平找直，并用支架稳定靠尺，随时将溢出的灰浆擦净。

（4）墙面上有电气插座、电梯显示器等设备孔洞时，应仔细量好尺寸，准确切割孔洞，面板安装后不应看见切口缝隙。

4. 环氧类胶直接粘贴法施工

（1）基层应平整，但不应压光。中层抹灰用木抹搓平后检查平整度、立面垂直度、阴阳角垂直度。

（2）粘贴石材前应按设计要求对基层和石材粘贴面及四个侧面进行界面处理。

（3）采用符合设计要求的环氧类胶粘剂，应严格按照粘剂胶产品说明书有关规定及双组分配合比例调制。调制时应即调即用，调制数量应按照胶粘剂施工有效时间内使用的数量调制，不应使用超过施工有效时间的胶。

（4）应按设计要求的胶点位置在石材粘贴面进行点式涂胶（即点涂），涂胶厚度应稍大于粘贴的空间距离。

（5）应按石材编号次序将石材上墙就位，进行粘贴。应利用石材粘贴面中间快干型环氧类胶胶点使石板临时固定，然后迅速对石板与相邻各板进行调平调直。可加用快干型环氧类胶涂于板边帮助定位。

（6）石板定位和粘贴后，应对各粘合点详细检查，可加胶补强。

5. 环氧类胶钢架粘贴法施工

（1）钢骨架安装施工

1）钢立柱应与主体结构固定牢固，轻质填充墙上梁高大于100mm的钢筋混凝土封闭圈梁（强度等级C20）可作为钢立柱的侧向稳定支承点。

2）钢立柱的间距应符合设计要求。钢立柱应根据现场测量放线定位施工，宜先施工同一墙面的两端立柱，检查合格后拉通线，然后按顺序安装中间立柱。

3）钢立柱全高垂直允许偏差≤2mm（双向）。

4）钢横梁与立柱的连接应符合设计要求。钢横梁的水平允许偏差≤1.0mm、最大挠度不应大于横梁跨度的1/400。

5）钢横梁上安装不锈钢挂件的螺栓孔应按设计尺寸预先用台钻钻孔，不得在现场用电焊烧孔。

6）钢骨架如果采用构造单边焊接，焊接电流宜小，防止焊接烧咬缺陷。应对所有焊接点进行防腐处理。

7）干挂石材圆柱的钢横梁型材应用专业机械滚弯成型，禁止采用现场将角钢切口弯曲手工焊接的处理方法。

8）钢骨架安装完成后，应按设计要求在粘接点位置焊接冷弯不锈钢短角钢角码，并钻中心孔。

（2）石材应干燥。石材粘贴面及四个侧面应进行界面处理。

（3）应用手持电动磨切机将粘接点的防腐层清除。

（4）应采用符合设计要求的环氧类胶粘剂，严格按照粘剂胶产品说明书有关规定及双组分配合比例调制。调制时应即调即用，调制数量应按照胶粘剂施工有效时间内使用的数量调制，不应使用超过施工有效时间的胶。

（5）应在石材粘贴面粘贴位置涂胶，涂体的规格、厚度应符合设计要求。

（6）石材面板安装就位时应将部分胶体从中心小孔中挤出，使其形成锚固点。

（7）墙面上有电气插座、电梯显示器等设备孔洞时，应仔细量好尺寸，准确切割孔洞，面板安装后不应看见切口缝隙。

6. 墙、柱面湿贴法施工

（1）基层应清洗湿润。

（2）应按设计要求对基层和石材粘贴面及四个侧面进行界面处理。

（3）按设计图纸和贴面部位根据饰面板的规格尺寸，弹出水平和垂直控制线、分格线、分块线。

对于底层，在粘贴前要依排板位置进行弹线，弹出一定数量的水平和竖直控制线。并依线在最下一行板材的底下垫铺上大杠或硬靠尺，尺下用砂或木楔垫起，用水平尺找出水平，如长度比较长时，可用水准仪或透明水管找水平。并根据板材的厚度和粘贴砂浆的厚度，在阳角外侧挂上控制竖线。竖线要两面吊直，如果是阴角，可以在相邻墙阴角处依板材厚度和粘贴砂浆厚度弹上控制线。

（4）应在墙上钻孔埋设膨胀螺栓，螺栓规格应符合设计要求。

（5）应按施工排板图要求焊接钢筋骨架，竖向钢筋与膨胀螺栓应焊接牢固。

（6）应在石材粘贴面上下两侧按设计要求钻孔，用环氧类胶粘剂将不锈钢丝紧固在孔内。

（7）应从最下一层开始，拉水平通线，从中间或一端开始将石材板块与钢筋骨架绑扎固定。先绑扎板材下口不锈钢丝再绑上口不锈钢丝，并用托线板靠直靠平，用木楔垫稳。

安装好一层板块，应在板块横竖接缝处每隔 100～150mm 用糊状石膏浆作临时固定，竖向板缝隙应用石膏灰或泡沫塑料条封严，待石膏凝结硬化进行灌浆。

（8）灌浆应分层，采用按设计要求的配合比配制的水泥砂浆，稠度控制在 8～15cm，将砂浆从几处分层徐徐灌入板背与基体间的缝隙，每层灌浆高度控制在 150～200mm，插捣密实，留出 50mm 结合层不灌浆。

（9）墙面上有电气插座、电梯显示器等设备孔洞时，应仔细量好尺寸，准确切割孔洞，面板安装后不应看见切口缝隙。

7. 施工注意事项

（1）挂上石板校核后应及时用卡具支撑稳牢，并应及时灌浆，以免卡具被人碰撞松脱使石板掉下伤人。

（2）门窗框上沾着的砂浆要及时清理干净。

（3）拆架子时避免碰撞墙柱面的饰面。

（4）使用脚手架，应先检查是否牢靠。护身栏、挡脚板、平桥板是否齐全可靠，发现问题应及时修整好，才能在上面操作；脚手架上放置料具要注意分散放平稳，不准超过规定荷载，严禁随意从高空向下抛杂物。

（5）容易被碰撞的阳角、立边要用木板护角（护 2m 高）。

（6）搬运石板块要轻拿稳放，以防挤手砸脚。

（7）搭铺平桥严禁直接压在门窗框上，应在适当位置垫木枋（板），将平桥架离门窗框。

（8）搬运料具时要注意避免碰撞已完成的设备、管线、埋件及门窗框和已完成的墙柱饰面。

（9）使用钢井架作垂直运输时，要联系好上落信号，吊笼平台稳定后，才能进行装卸作业。

（10）使用电动锯机时，要接好地线及防漏电保护开关，经试运转合格才能使用。

（11）上下传递石板要配合协调，拿稳，以免坠落伤人。

（12）对沾污的墙柱面要及时清理干净。

8.2.3 安装法施工

石材的安装法（也称挂贴安装法），是传统的工艺。虽然施工方法比较烦琐。但是粘结牢固性好，因其内部有拉结，即使粘贴层产生空鼓亦不至脱落。对于大规格块材，边长大于 40cm，镶贴高度超过 1m 时，可采用安装方法。

1. 一般规定

（1）饰面的墙体表面无疏松层并清扫干净。按设计图纸和实际尺寸弹出安装饰面板的位置线和分块线。

（2）剔出墙上的预埋件（无预埋件时，可用直径不小于 10mm，长度不小于 110mm 的膨胀螺栓作为锚固件）绑扎竖向、横向钢筋。也可采用预焊钢筋网片，钢筋网固定牢固。

（3）安装前先将饰面板上下按照设计要求，钻孔打眼挂丝，一般上下各两处，当板材较大时可增加打孔和挂丝。防锈金属丝一般长 200mm 左右。

（4）饰面板表面充分干燥（含水率应小于 8%）后，用石材防护剂进行饰面板背面及侧边的防护处理。按编号取饰面板并将石材上的防锈金属丝绑在钢筋网上，将饰面板就位。

（5）用石膏临时封堵缝隙，从板上口空隙分三层灌注配合比为 1∶2.5、稠度 8～12cm（粥状）水泥砂浆。

（6）饰面板安装完毕后，随时清除所有封缝石膏和余浆痕迹。按设计要求及饰面板颜色调制色浆嵌缝，缝隙要密实、均匀、干净、颜色一致。

2. 预排

在板材安装前要依板材尺寸，设计出排板图，并且要严格选材。如有棱角破损的要挑出。然后依花纹、颜色预排板材。相邻板材的花纹、颜色要相近似、相协调。有不同颜色的板材要逐渐变化。不要一块深一块浅。

一般先按图挑出品种、规格、颜色一致的材料，按设计尺寸，在地上进行试拼、校正尺寸及四角套方，使其合乎要求。凡阳角处相邻两块板应磨边卡角。

为使大理石安装时能上下左右颜色花纹一致，纹理通顺，接缝严密吻合，安装前必须按大样图预拼排号。

预拼好的大理石应编号，编号一般由下向上编排，然后分类竖向堆好备用。对于有裂缝暗痕等缺陷以及经修补过的大理石，应用在阴角或靠近地面不显眼部位。

板材预排后要按顺序编号。编好号的板材要依号序竖向码放，且要相邻码放的板材采用面对面、背对背的放置，以免划伤面层。

3. 钻孔、剔槽

按排号顺序将石板侧面钻孔打眼。操作时应钉木架，如图8-15所示。直孔的打法是用手电钻直对板材上端面钻孔两个，孔位距板材两端1/4处，孔径为5mm，深15mm，孔位距板背面约8mm为宜。如板的宽度较大（板宽大于60cm），中间应再增钻一孔。钻孔后用合金钢錾子朝石板背面的孔壁轻打剔凿，剔出深4mm的槽，以便固定不锈钢丝或铜丝，如图8-16（*a*）。然后将石板下端翻转过来，同样方法再钻孔两个（或三个）并剔凿4mm槽，这叫打直孔。

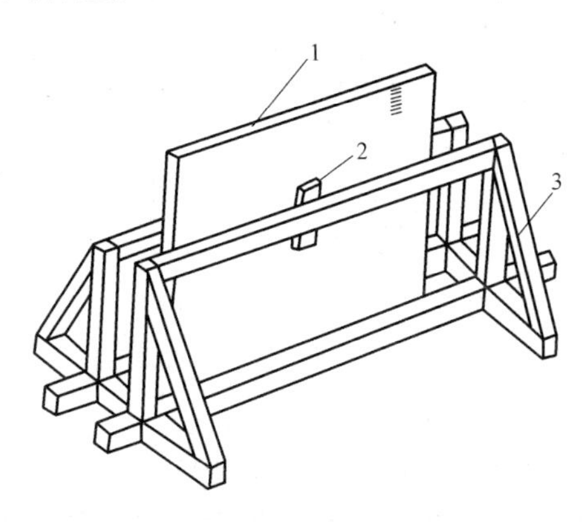

图8-15　木架

1—饰面板；2—木头木楔；3—木架

板孔钻好后，把备好的16号不锈钢丝或铜丝剪成20cm长，一端深入孔底顺孔槽埋卧，并用铅皮将不锈钢丝或铜丝塞牢，另一端侧伸出板外备用。

另一种打孔法是钻斜孔，孔眼与板面成35°，如图8-16（*b*）

所示，钻孔时调整木架木楔，使石板成 35°，便于手电钻操作。斜孔也要在石板上下端面靠背面的孔壁轻打剔凿，剔出深 4mm 的槽，孔内穿入不锈钢丝或铜丝，并从孔两头伸出，压入板端槽内备用。

还有一种是钻成牛鼻子孔，方法是将石板直立于木架上，使手电钻直对板上端钻孔两个，孔眼居中，深度 15mm 左右，然后将石板平放，背面朝上，垂直于直孔打眼与直孔贯通鼻子孔，如图 8-16（*c*）所示。牛鼻子孔适合于碹脸饰面安装用。

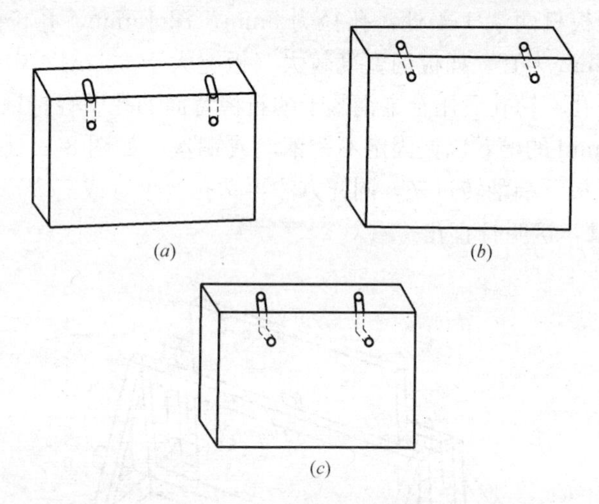

图 8-16　大理石钻孔示意图

（*a*）卧铜丝槽；（*b*）斜孔；（*c*）牛鼻子孔

若饰面板规格较大，特别是预制水磨石和磨光花岗岩，如下端不好拴绑铜丝时，亦可在未镶贴饰面板的一侧，采用手提轻便小薄砂轮（4～5mm），按规定在板高的 1/4 处上、下各开一槽（槽长 3～4cm，槽深约 12mm 与饰面板背面打通，竖槽一般居中，亦可偏外，但以不损坏外饰面和不反碱为宜），可将铜丝卧入槽内，便可拴绑与钢筋网固定。此法亦可直接在镶贴现场做。

4. 穿铜丝

用铜丝（16 号）或不锈钢，剪成 20cm 左右长，一头插入孔中，用木楔子蘸环氧树脂铆固住。也可以在钻完直孔后，背面向钻过孔的孔底钻入，使两个方向的孔连通呈“L”形。斜孔和牛鼻子孔也要锯出卧铜丝的小槽。斜孔和牛鼻子孔可以把铜丝的一直头穿入孔中扎绕牢固，留下另一头与钢筋网绑扎。

5. 绑扎钢筋网

在要安装板材的结构基层上，要预埋好钢钩或留有焊件，用以绑扎和焊接钢筋网。如果在结构施工中没留有钢钩等埋件时，应依排板图提前在墙基层上打眼埋置埋件等。埋件或钢钩埋置后，待固定灰浆有一定强度时，可以绑扎竖向钢筋。竖向钢筋的数量应不少于板材竖向的块数。如果板材过宽，则要适当增加竖筋数量，至绑扎板材后具有一定刚度。然后在竖筋上绑扎横向钢筋。横向钢筋最下边一道应在最下一行板材距底边 10cm，第二道应比最下一板材的上口低 2～3cm 处，以上每道的间距应与板高尺寸相同。

如基体未预埋钢筋，可使用电锤钻孔，孔径为 25mm，孔深 90mm，用 M16 胀杆螺栓固定预埋铁，如图 8-17 所示，然后再按前述方法进行绑扎或焊竖筋和横筋。

6. 弹线

先将大理石或预制水磨石、磨光花岗岩的墙面、柱面和门窗套用大线坠从上至下找出垂直。应考虑大理石或预制水磨石、磨光花岗岩板材厚度、灌注砂浆的空隙和钢筋所占尺寸，一般大理石或预制水磨石、磨光花岗岩外皮距结构面的厚度应以 5～7cm 为宜。找出垂直后，在地面上顺墙弹出大理石、磨光花岗岩或预制水磨石板等外轮廓尺寸线（柱面和门窗套等同）。此线即为第一层大理石、磨光花岗岩或预制水磨石等的安装基准线。编好号的大理石、磨光花岗岩或预制水磨石板等在弹好的基准线上画出就位线，每块留

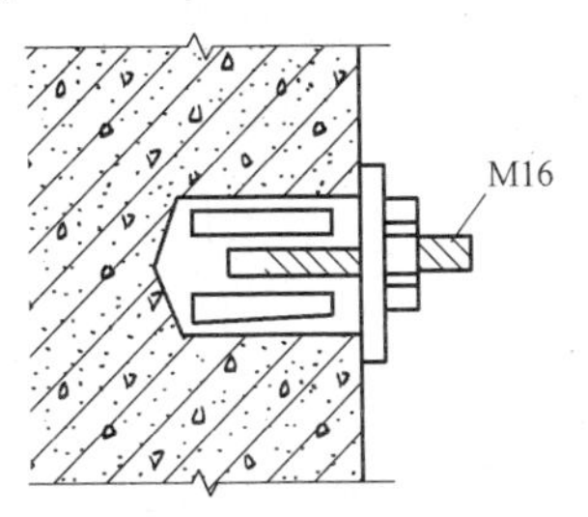

图 8-17　胀杆螺栓固定预埋铁

1mm 缝隙（如设计要求拉开缝，则按设计规定画出缝隙）。

7. 板材安装

检查钢筋骨架，若无松动现象，在基体上刷一遍稀水泥浆，接着按编号将大理石板擦净并理直不锈钢丝或铜丝，手提石板按基体上的弹线就位。

安装开始时，把就位的板材上口外仰，手伸入板背和钢筋网中间，把下边铜丝留出的一头与下边钢筋网中最下一道横筋绑在一起。把板材上口扶正，把上边铜丝露出的一头与第二道横筋扎牢。把标高调好，下边用木楔等物垫水平，如图 8-18 所示。用水平尺把上口找出水平，立面通过吊线找出垂直，而且第一行砖的底边应与外轮廓线一平。

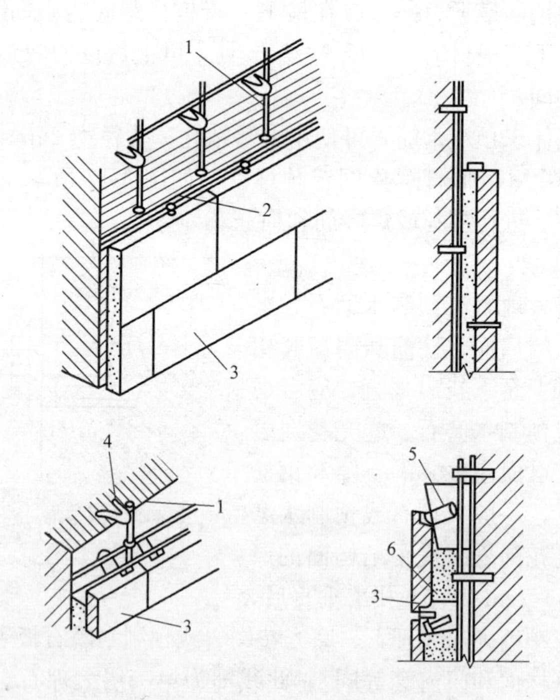

图 8-18　大理石安装固定示意图

1—钢筋；2—钻孔；3—石板；4—预埋筋；5—木楔；6—灌浆

中间的板材要通过拉线找好平整。确认无误后，用木楔或砖块蘸石膏浆临时固定，较大的块材以及门窗碹脸饰面板应另加支撑。两侧和下边缝可能在灌装时漏浆，要用牛皮纸蘸石膏灰浆贴封严密。把铜丝进一步调整好。然后可以灌浆。

灌浆前基层必须经润湿。施工时，要用活动木楔插入缝中，来控制缝宽，并将石板临时固定，然后在石板背面与墙面之间用小嘴水壶在基层上浇洒一道素水泥稀浆，以利粘结。灌浆时要分层进行，一般第一层灌浆为板高的 1/3，但不超过 15cm，以便上下连成整体，如图 8-19 所示。灌浆采用 1∶2.5 水泥砂浆，稠度为 9～11 度。边灌边用小铁条捣固，捣固时要轻，不要碰到铜丝或碰撞板面。采用浅色的大理石饰面板时，灌浆应用白水泥和白石屑，以防透底，影响美观。

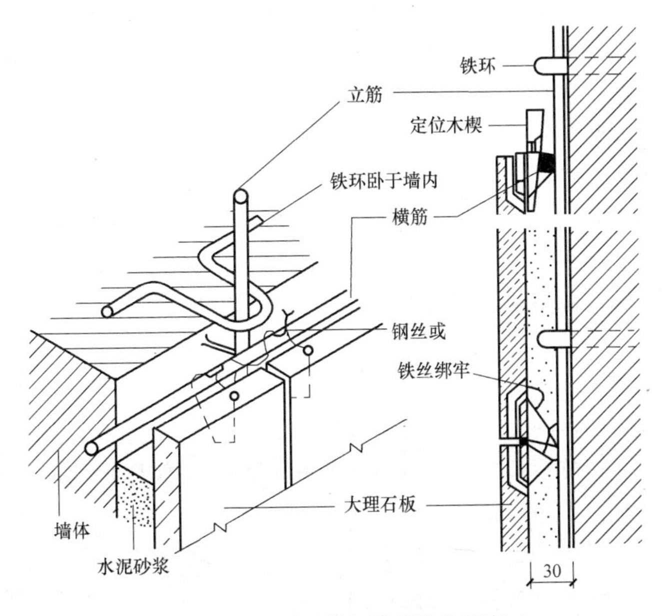

图 8-19　预埋件与钢筋绑扎示意

在第一层灌浆初凝后，一般为 1～2h 后，经过对板材检查，要用靠尺板找垂直，用水平尺找平整，用方尺找好阴阳角。如发现板材规格不准确或板材间隙不匀，应用铅皮加垫，使板材间缝隙均匀一致，以保持每一层板材上口平直，为上一层板材安装打下基础。如变形现象严重，无法调整，要拆除重来。

如果没有产生变形可以进行第二道灌浆。方法同第一层灌浆，这样逐层灌浆，最上一层灌浆的上口要低于板材上口 5cm 的高度，以利于上一行板材铜丝的绑扎和与上一行的首层灌注一同完成，这样比较利于结合。待第一行板材的最上一道灌浆初凝后，可以把面层的临时固定物除掉，擦干净。

为了矫正视觉误差，安装门窗碹脸时应按 1%起拱。然后，及时用靠尺板、水平尺检查板面是否平直，以保证板与板的交接处四角平直。发现问题，立即校正，待石膏硬固后即可进行灌浆。

第三次灌浆完毕，砂浆初凝后可清理石板上口余浆，并用棉丝擦干净。隔天再清理板材上口木楔和有碍安装上层板材的石膏。清理干净后，可用上述程序安装另一层石板，周而复始，依次进行安装。

墙面、柱面、门窗套等饰面板安装与地面块材铺设的关系，一般采取先做立面后做地面的方法，这种方法要求地面分块尺寸准确，边部块材须切割整齐。亦可采用先做地面后做立面的方法，这样可以解决边部块材不齐的问题，但地面应加以保护，防止损坏。

8. 擦缝

全部石板安装完毕后，清除所有石膏和余浆痕迹，用抹布擦洗干净，并按石板颜色调制色浆嵌缝，边嵌边擦干净，使缝隙密实、均匀、干净、颜色一致。

全部安装完毕，清除所有的石膏及余浆残迹，然后用与石板颜色相同的色浆嵌缝，边嵌边擦干净，使缝隙密实，颜色一致。

磨光的大理石，表面在工厂已经进行抛光打蜡，但由于施工过程中的污染，表面失去部分光泽。所以，安装完后要进行擦拭与抛光、打蜡，并采取临时措施保护棱角。

9. 柱子贴面

安装柱面大理石或预制水磨石、磨光花岗岩，其弹线、钻孔、绑钢筋和安装等工序与镶贴墙面方法相同，要注意灌浆前用木方子钉成槽形木卡子，双面卡住大理石板、磨光花岗岩或预制水磨石板，以防止灌浆时大理石或预制水磨石、磨光花岗岩板外胀。

10. 施工注意事项

参见上述“粘贴法”中的相关内容。

8.2.4 楔固安装法

楔固安装法是传统安装法和干挂法的一种结合，其不必绑扎钢筋网片而节约钢筋，是采用不锈钢卡具先把板材与基层连接在一起，而后灌浆的一种施工方法（由于地域的不同、手法的不同，目前尚有多种类似做法）。

此法的施工准备、板材预拼排号、对花纹的方法与“安装法”相同；主要不同是楔固法是将固定板块的钢丝直接楔接在墙体或柱体上，施工时将铜丝的一端连同木楔打入墙身，另一端穿入大理石孔内扎实。分灌浆和干铺两种处理方法，如图 8-20 所示。

干铺时，先以石膏块或粉刷块定位找平，留出缝隙，然后用铜丝或镀锌铅丝将木楔和大理石拴牢。其优点是：在大理石背面形成空气层，不受墙体析出的水分、盐分的影响而出现风化和表面失光的现象，但不如灌浆法牢固，一般用于墙体可能经常潮湿的情况。而灌浆法是一般常用的方法，即用 1∶2.5 的水泥砂浆灌缝，但是要注意不能掺入酸碱盐的化学品，以免腐蚀大理石。

1. 基体处理

清理砖墙或混凝土基体并用水湿润，抹上 1∶1 水泥砂浆（要求中砂或粗砂）。大理石饰面板背面要用清水刷洗干净。

2. 石板钻孔

将大理石饰面板直立固定于木架上，用手电钻距板两端 1/4

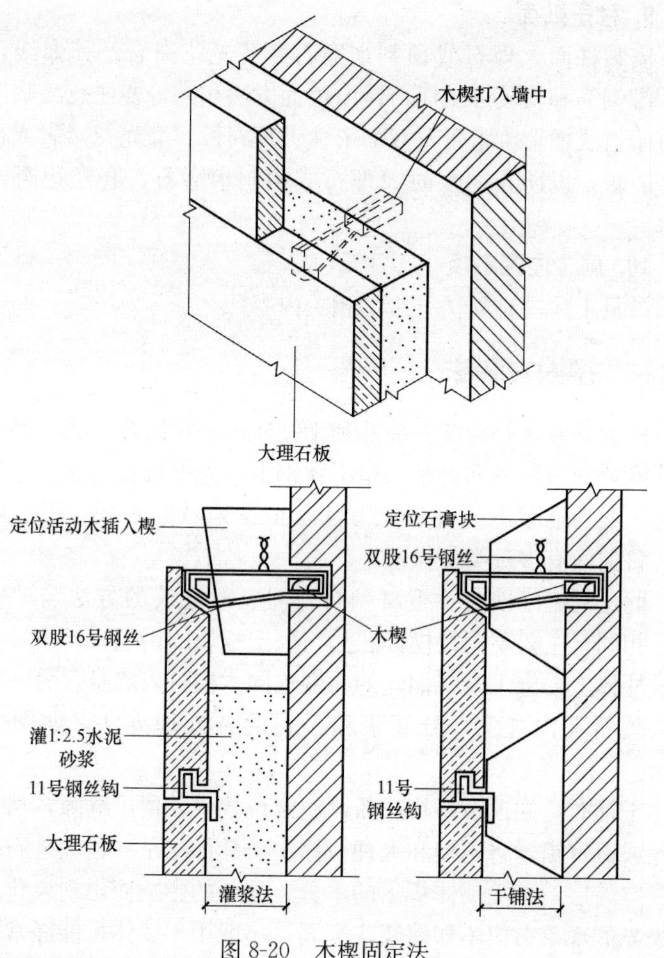

图 8-20　木楔固定法

处在板厚中心打直孔，孔径 6mm，深 35～40mm，板宽小于或等于 500mm 打直孔两个，板宽大于 500mm 打直孔三个，大于 800mm 的打直孔四个。然后将板旋转 90°固定于木架上，在板两侧分别各打直孔一个，孔位居于板下端往上 100mm 处，孔径 6mm，孔深 35～40mm，上下直孔都用合金錾子向板背面方向剔槽，槽深 7mm，以便安卧 U 形钉，如图 8-21 所示。

3. 基体钻孔

石板钻孔后，按基体放线分块位置临时就位，对应于石板上下直孔位置，在基体上用冲击钻钻出与板材相等的斜孔，斜孔与基体夹角为 45°。孔径 6mm，孔深 40～50mm，如图 8-22 所示。

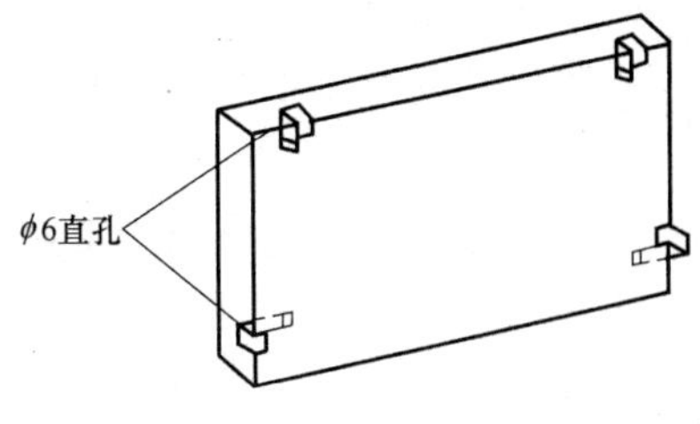

图 8-21　打直孔示意图

4. 板材安装和固定

基体钻完斜孔后，将大理石板安放就位，根据板材与基体相距的孔距，用钢丝钳子现制直径为 5mm 的不锈钢 U 形钉，一端勾进大理石板直孔内，并随即用硬木小楔楔紧；另一端则勾进基体斜孔内，再拉小线或用靠尺板及水平尺校正板上下口及板面垂直和平整度，以及与相邻板材接合是否严密，随后将基体斜孔内不锈钢 U 形钉楔紧。用大头木楔紧固于石板与基体之间，如图 8-23 所示。

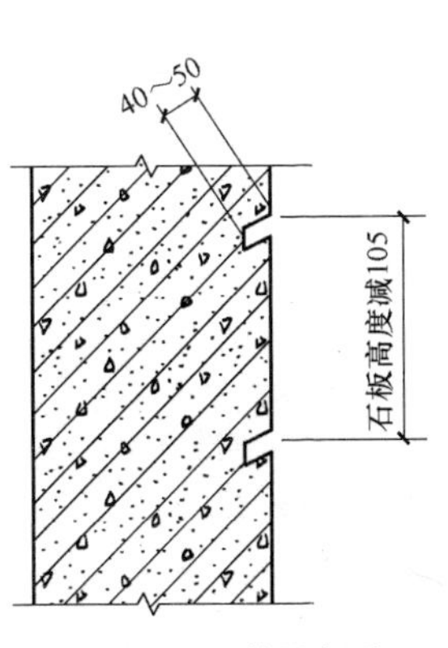

图 8-22　基体钻斜孔

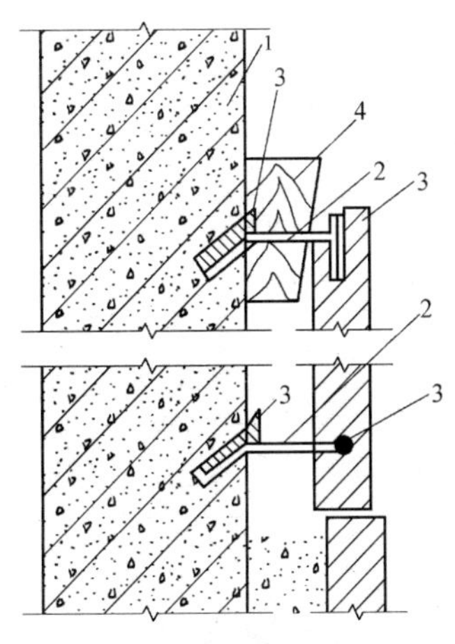

图 8-23　石板就位、固定示意图
1—基体；2—U 形钉；
3—硬木小楔；4—木头木楔

5. 施工注意事项

参见上述 8.2.2 中的相关内容。

8.3 地面、楼梯石材湿贴法铺设

地面石材湿贴法：地面石材湿贴可分为无镶条和金属镶条两种形式。地面找平层应采用水泥砂浆或混凝土铺设，砂浆配合比（体积比）不应小于 1 ∶3（水泥∶砂），混凝土强度等级不应低于 C15，并应符合现行国家标准《建筑地面工程施工质量验收规范》GB 50209 的规定。应对找平层的各类垫层、钢筋混凝土楼板或填充层进行界面处理。

地面石材采用天然大理石、花岗石（或碎拼大理石、碎拼花岗石）板材应在结合层上铺设，其构造做法如图 8-24 所示。

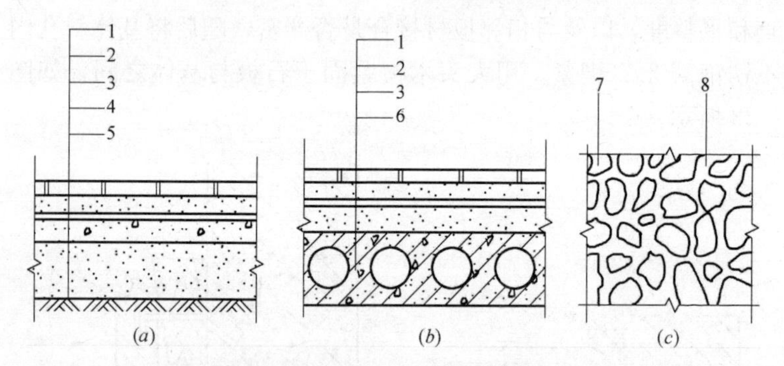

图 8-24 大理石、花岗石面层

（*a*）地面构造；（*b*）楼层构造；（*c*）碎拼大理石面层平面

1—大理石（碎拼大理石）、花岗石面层；2—水泥或水泥砂浆结合层；3—找平层；4—垫层；5—素土夯实；6—结构层（钢筋混凝土楼板）；7—拼块大理石；8—水泥砂浆或水泥石粒浆填缝

8.3.1 一般规定

（1）铺设大理石、花岗石面层前，板材应浸湿、晾干并进行防污处理；结合层与板材应分段同时铺设。

（2）大理石、花岗石面层铺贴应从中间向四周排块，周边块边长不小于边长的1/2～1/3，在基层上划线。

（3）厕浴间、楼梯踏步等有防滑要求的地面石材应符合设计要求。花岗石镜面板不宜用于室外地面和台阶。

（4）地面石材宜涂刷石材表面保护剂，延长石材的使用寿命。根据石材的种类、部位和功能要求，选用不同的保护剂，如防污、防油、防水、透明、增色、渗透、不渗透等。

（5）不耐污染的洞石、砂岩、文化石等石材用于地、墙、柱面时，应涂刷石材保护剂。当洞石类的板材用于地面时，除涂刷保护剂外，还应在涂刷保护剂之前，用石材专用胶补洞。

（6）石材楼梯要选择抗折性能好的石材，宜选用耐磨性好、吸水率低的花岗石，踏步面板或踏步面板边缘的厚度不宜小于30mm，并作防滑设计。

（7）地面的变形缝（沉降缝、伸缩缝、抗震缝）处，石材饰面及其各构造层应断开，并应与结构变形缝的位置贯通一致，应保证变形缝的变形功能和饰面的完整美观。

（8）地面石材各构造层的铺设，均应在下一层检验合格后方可施工上一层。

（9）地面工程的施工环境温度应符合规定。

1）采用水泥拌合料、沥青粘结料作为结合层时，不应低于5℃。

2）采用有机胶粘剂粘贴时，不应低于10℃。

8.3.2 施工准备

1. 材料要求

（1）天然大理石、花岗石的技术等级、光泽度、外观等质量要求应符合《天然大理石建筑板材》GB/T 19766—2005、《天然花岗石建筑板材》GB/T 18601—2001的规定。

（2）板材有裂缝、掉角、翘曲和表面有缺陷时应予剔除，品种不同的板材不得混杂使用；在铺设前，应根据石材的颜色、花纹、图案、纹理等按设计要求，试拼编号。

（3）水泥：一般采用普通硅酸盐水泥，强度等级不得低于32.5级，受潮结块的水泥禁止使用。

（4）砂：宜采用中砂或粗砂，必须过筛，颗粒要均匀，不得含有杂物，含泥量不大于3%，粒径一般不大于5mm。

（5）地面石材饰面工程采用的各种胶粘剂、粘结材料应按设计要求选用，并符合现行国家标准《民用建筑工程室内环境污染控制规范》GB 50325—2010的规定。

2. 施工机具

手推车、铁锨、靠尺、铁抹子、木抹子、尼龙线、橡皮锤、笤帚、砂轮锯等。

3. 作业条件

（1）与地面施工有关的结构或构造已处理完毕。

（2）地面下敷设的沟、槽、线、管等隐蔽项目已检验合格。

（3）基层的强度、平整度符合施工要求，光滑的基层应凿毛。

（4）与其他地面材料的衔接做法已经确定。

（5）设加工棚，安装好台钻及砂轮锯，并接通水、电源，需要切割钻孔的板，在安装前加工好。

（6）室内抹灰、地面垫层、水电设备管线等均已完成。

（7）房内四周墙上弹好水准基准墨线（如＋500mm水平线）。

（8）施工操作前应画出大理石、花岗石地面的施工排版图，碎拼大理石、花岗石应提前按图预拼编号。

（9）石材的品种、规格、质量等符合工程技术质量要求。大理石板块（花岗石板块）进场后应侧立堆放在室内，侧立堆放，底下应加垫木方，详细核对品种、规格、数量、质量等是否符合设计要求，有裂纹、缺棱掉角的不能使用。

（10）检查石材的损伤和污染情况。

（11）石材防护剂应经24h干燥，检查验收合格后方可施工。

8.3.3 地面石材铺贴

1. 基层处理

对于用水泥砂浆结合的石材面层，施工前应将基层清扫、湿润，石材浸水湿润，以保证面层与结合层粘结牢固，防止空鼓。

楼地面各种孔洞缝隙应事先用细石混凝土灌填密实，并经检查无渗漏现象。基层干净无杂物，无积水。

2. 石材地面的放线

（1）按照施工图或翻样图纸施放作业线。依据墙面的基准线找出地面面层标高，并应在墙面上弹出水平线。在室内的主要部位弹相互垂直的控制线，用以控制石材板块的位置。

（2）核对公共区域与一般房间、用水房间、机房、楼梯、电梯、扶梯、升降梯等的地面标高。

（3）地面石材有拼花的，应先施放拼花的定位线。

（4）与走廊直接相通的房间或者有套间的房间，要尽量使地面板材的接缝直线贯通；如走廊与房间地面的石材品种不同，分界线应设在门扇中间或采用过口石材断开。

（5）地面石材宜在进门处排整块，非整块石材宜留在不明显处。

（6）石材地面的石材圈边和石材踢脚线宜与地面块材对缝。

3. 选料与预排

（1）选料：同一房间、开间应按配花、品种挑选尺寸基本一致、色泽均匀、文理通顺的板材进行预排编号，分类存放。铺贴前先将石板块背面刷干净，铺贴时保持湿润，对底层地面的板块应做防水处理。

（2）施工前，根据铺砌顺序和放样排板图的位置，应对每个房间的板块按图案、颜色、纹理试拼并编号码放。

1）根据水平标准线和设计厚度，在四周墙、柱上弹出面层的上平标高控制线。

2）在房间内的两个互相垂直的方向，铺设两条干砂，其宽度大于板块，厚度不小于3cm。根据试拼石板编号及施工大样图，结合房间实际尺寸，把大理石或花岗石板块排好，以便检查板块之间的缝隙，核对板块与墙面、柱、洞口等部位的相对位置。

4. 地面石材铺砌与养护

（1）铺砌时先在清扫干净的基层上洒水湿润，并刷一道素水泥浆，水∶水泥＝（0.4～0.5）∶1，水泥浆应随刷随铺砂浆，并不得有风干现象。

（2）铺找平层：铺干硬性水泥砂浆（一般配合比为1∶3，以湿润松散，手握成团不泌水为准）找平层，虚铺厚度以25～30mm为宜（放上石板块时高出预定完成面3～4mm为宜），用铁抹子拍实抹平，然后进行石块的预铺。

（3）铺砌时的结合层应采用干硬性砂浆。干硬性砂浆采用配合比（体积比）为1∶1～1∶3水泥砂浆；水泥宜采用低碱水泥。

（4）铺设面层：铺设时按预排编号进行石块的预铺，应对准纵横缝，用木槌着力敲击板中部，振实砂浆至铺设高度后，将石板掀起，检查砂浆表面与石板底相吻合后（如有空虚处应用砂浆填补），在砂浆表面先用喷壶适量洒水，再均匀洒一层水泥粉，把石板块对准铺贴。铺贴时四角要同时着落，再用木槌着力敲击至平实，注意随时找平找直，要求四角平整，纵横缝间隙对齐。铺贴顺序应从里向外逐行挂线铺贴。缝隙宽度如设计无要求时，对于花岗石、大理石不应大于1mm。

（5）对于无镶条的板块地面，应在1～2昼夜之后经检查石块表面无断裂、空鼓后，分几次进行灌浆，用稀水泥（颜色与石板块调和）刷缝填饱满，并随即用布擦净至无残灰、污迹为止。灌浆1～2h后擦缝。

（6）擦缝并清理干净后，用塑料薄膜覆盖保护，当结合层的抗压强度大于1.2MPa时，方可上人走动或搬运物品。当各工序结束不再上人时方可进行打蜡、抛光。

（7）地面可采用木板、聚乙烯板保护。不宜用锯末保护，避免造成对石材的污染。

（8）为减少地面石材在使用中出现裂纹，建议施工时不要除去石材已有的较牢固的背胶网，但施工中应加强防止地面石材空鼓的措施。

（9）在墙面装饰线条复杂，地面套割困难时，可采用“墙压地”的办法。

5. 镶贴踢脚板

镶贴前先将石板块刷水湿润，阳角接口板要割成45°角。将基层浇水湿透，均匀涂刷素水泥浆，边刷边贴。在墙两端先各镶贴一块踢脚板，其上口高度应在同一水平线内，突出墙面厚度应一致，然后沿两块踢脚板上棱拉通线，用1∶2水泥砂浆逐块依顺序镶贴。镶贴时随时检查踢脚板的平顺和垂直，板间接缝应与地面贯通。

6. 打蜡抛光

板块铺贴完工后，待其结合层砂浆强度达到60%～70%即可打蜡抛光。其具体操作方法与现浇水磨石地面面层基本相同，在板面上薄涂一层蜡，待稍干后用磨光机研磨，或用钉有细帆布（或麻布）的木块代替油石装在磨石机上，研磨出光亮后，再涂蜡研磨一遍，直到光滑洁亮为止。

7. 成品保护

（1）存放大理石板块，不得雨淋、水泡、长期日晒。一般采用板块立放，光面相对。板块的背面应支垫木方，木方与板块之间衬垫软胶皮。在施工现场内倒运时，也须如此。

（2）运输大理石或花岗石板块、水泥砂浆时，应采取措施防止碰撞已作完的墙面、门口等。铺设地面用水时防止浸泡、污染其他房间地面墙面。

（3）试拼应在地面平整的房间或操作棚内进行。调整板块人员宜穿干净的软底鞋搬动、调整板块。

（4）铺砌大理石或花岗石板块过程中，操作人员应做到随铺随砌随揩净，揩净大理石板面应该用软毛刷和白色干布。

（5）新铺砌的大理石或花岗石板块的房间应临时封闭。当操作人员和检查人员踩踏新铺砌的大理石板块时，要穿软底鞋，并且轻踏在一块板材上。

（6）在大理石或花岗石地面上行走时，结合层砂浆的抗压强度不得低于1.2MPa。

（7）大理石或花岗石地面完工后，房间封闭，粘贴层上强度后，应在其表面覆盖保护。

8.3.4 楼梯石材铺贴

楼梯石材铺贴时注意理论尺寸与实际尺寸不一致的情况，要预先进行详细排板，尤其是平台转角处，要用整块异形石材，避免在转角处用若干小块石材拼贴。

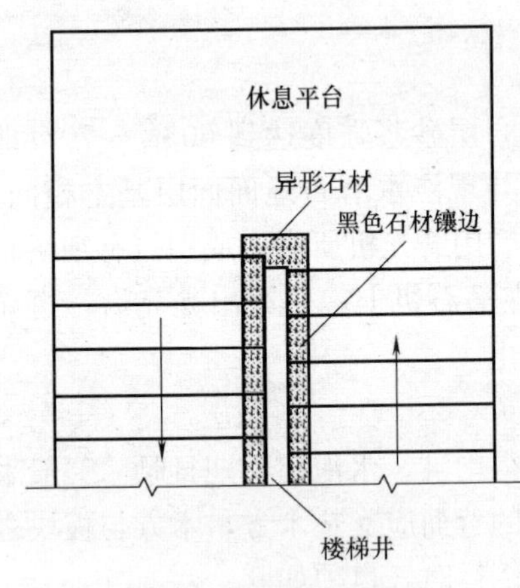

图8-25 休息平台转角处石材镶贴方案

（1）休息平台转角处，石材镶贴方案如图8-25所示。

（2）楼梯踏步石材镶贴，如图8-26所示。室内外楼梯、台阶踏步石材面板厚度应不小于30mm，楼梯、台阶踏步面板的外侧不宜成锐角。踢面立板位置应与踏步面板防滑槽位置错开，如图8-27所示。

（3）同一种色质石材铺贴的楼梯间，在休息平台处可适当用不同颜色质石材贴花（贴花不宜复杂），以增加美感，如图8-28所示。

（4）顶层楼梯的休息平台必须设挡水台。水泥砂浆地面抹30mm宽、10mm高水泥砂浆挡水台；石材地面时，用胶粘30mm宽、10mm高挡水条，如图8-29所示。

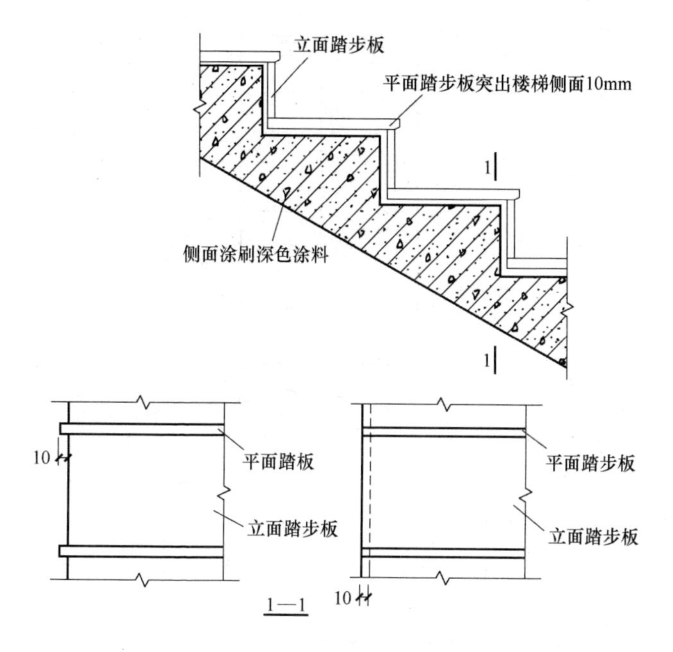

图 8-26　楼梯踏步石材镶贴

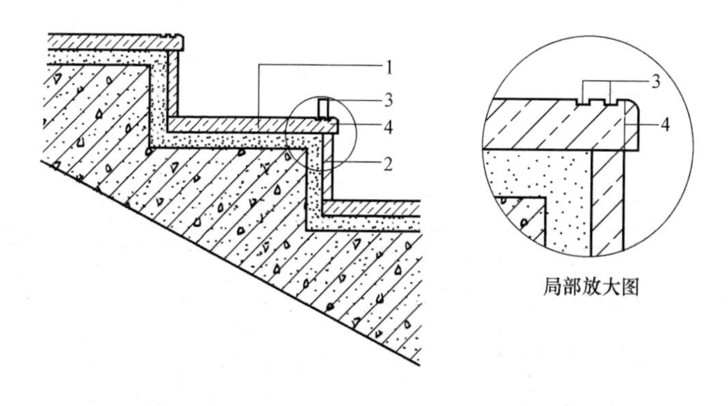

图 8-27　楼梯的踢面立板与上层踏步板面的防滑槽位置错开示意图

1—石材楼梯踏步面板；2—石材楼梯踢面立板；

3—石材防滑槽或镶铜条位置；4—防滑槽及镶铜条不应超过的线

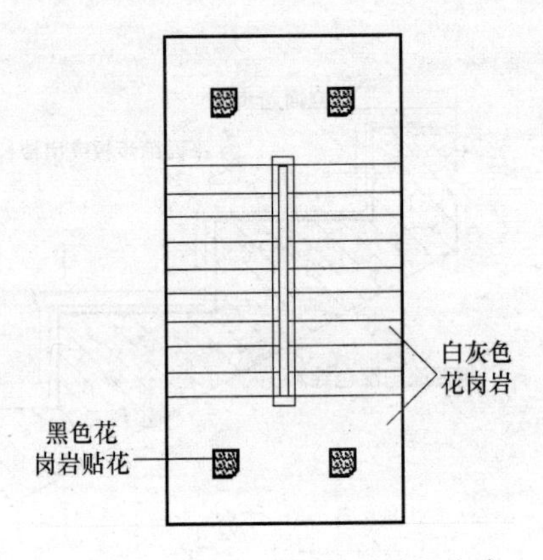

图 8-28　休息平台处石材贴花方案

注：平面踏步板与立面踏步板在楼梯侧面处必须对齐，不得错位。

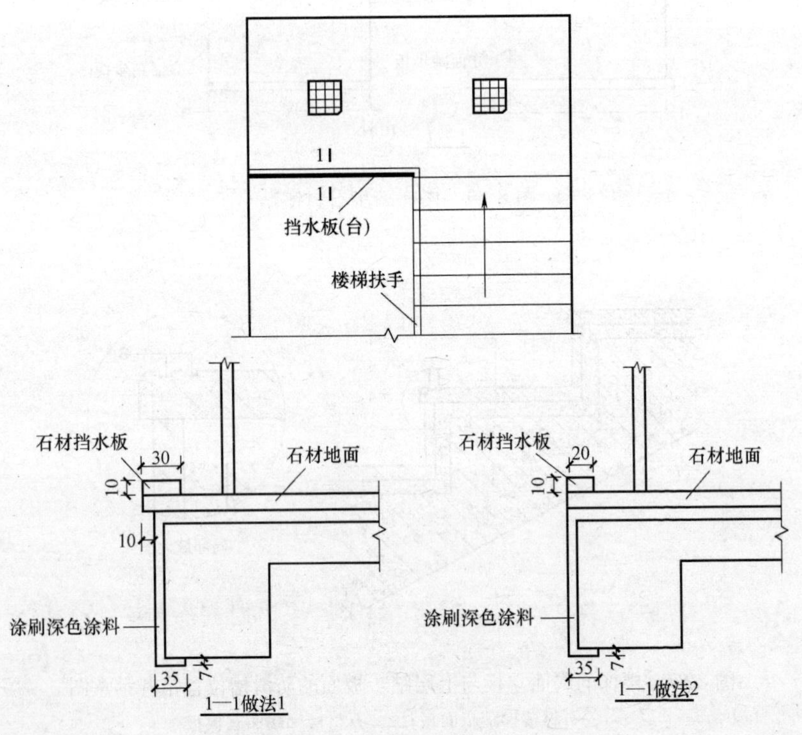

图 8-29　休息平台处挡水台设置

9 石材干挂

9.1 墙、柱面石材干挂

室内高度大于6m的墙、柱面石材面板的连接构造、圆柱、异形柱石材面板及石材线条（包括石材雕刻及石材艺术品）的连接构造宜采用石材干挂法。

石材干挂是采用镀锌及不锈钢等耐锈蚀和耐久性好、强度较高的挂件，把板材与墙体连挂牢固。板材与结构之间留出适当的空腔。此工艺与传统的湿作业工艺比较，免除了灌浆工序，可缩短施工周期，减轻建筑物自重，提高抗震性能，更重要的是有效地防止灌浆中的盐碱等色素对石材的渗透污染，提高其装饰质量和观感效果。

石材干挂的安装连接形式有钢销（针）式连接、通槽式连接、短槽式连接、背栓式连接（背槽式连接、背卡式连接）等。图9-1为背栓支承构造。

9.1.1 石材的选用

（1）石材饰面所用材料应符合国家产品标准，同一工程采用的天然石材应尽量选用同一个矿源的同一层面的岩石。同一名称的石材的颜色和花纹可能有较大差异，选材时宜以大块样板为准。

（2）天然石材饰面设计宜注明石材纹理的走向，重要工程应绘制石材加工图。工厂按图编号加工，按设计进行预拼、对纹、选色、校对尺寸等。

（3）大理石一般不宜用于室外以及与酸有接触的部位。

（4）在用水频率较高和必须进行二次蓄水试验的室内外地

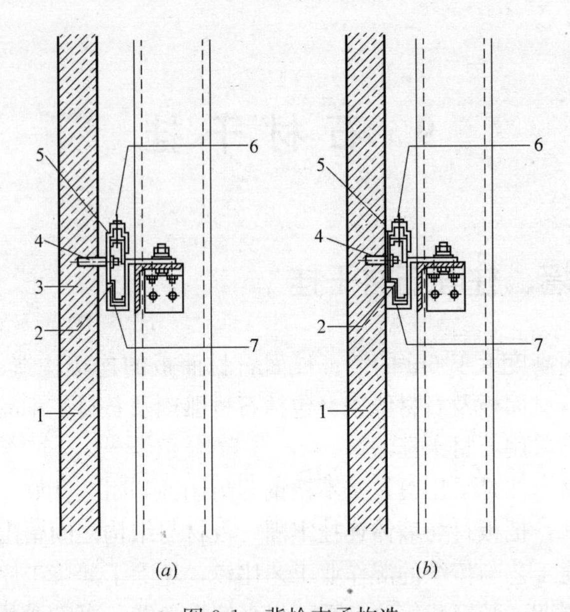

图 9-1　背栓支承构造

（a）单切面背栓；（b）双切面背栓

1—石材面板；2—铝合金挂件；3—注胶；4—背栓；5—限位块；6—调节螺栓；7—铝合金托板

面，如卫生间、室内外泳池，不宜选用天然石材，避免出现泛碱、锈斑、水渍等现象。

（5）不耐污染的洞石、砂岩、文化石等石材用于地、墙、柱面时，应涂刷石材保护剂。当洞石类的板材用于地面时，除涂刷保护剂外，还应在涂刷保护剂之前，用石材专用胶补洞。

（6）室内石材干挂板材的厚度要求应符合表 9-1 的要求。

室内石材干挂板材的厚度要求　　表 9-1

品种 尺寸	光面和镜面板材	粗面板材
厚度(mm)	≥20	≥23

注：砂岩、洞石等质地疏松的石材厚度不应小于 30mm；砂岩、洞石和质地较疏松的变质岩用于室外时须作预先固化处理。

9.1.2 石材饰面排布、转角及拼接形式

参见上述 8.1 中相关内容。

9.1.3 施工准备

1. 技术准备

(1) 对饰面板工程的施工图、设计说明及其他设计文件进行会审。

(2) 制定专项的施工方案并组织技术交底。

(3) 墙柱基体工程质量验收合格，基体上各专业设备安装管线等已作隐蔽工程验收。

(4) 墙面门窗框安装验收合格。

(5) 饰面板安装工程的预埋件（或后置件）连接的数量、规格、位置、连接方法和防腐处理符合设计要求。后置件现场拉拔性能检测合格。

(6) 对墙面垂直度与水平度进行测量和放线，检查误差，根据设计要求确定石材的加工规格、型号。按照墙面实际尺寸进行排板，确定石材加工尺寸，做出石材加工料单。

(7) 材料的产品合格证书、性能检测报告、进场检验记录和花岗石放射性检测报告。

(8) 饰面板质量及尺寸检测记录，墙体各部尺寸与石材饰面板加工尺寸核对无误。

2. 材料准备

(1) 饰面板材（包括花岗石、大理石）的表面应平整、尺寸准确、边缘整齐、棱角不得损坏。施工前应按型号、规格和颜色进行选配和分类；饰面板材不得有裂纹、翘曲、隐伤、风化等缺陷，具体的品种、规格应符合设计的要求。

(2) 如选用大理石板材作饰面板，施工前宜对大理石作罩面涂层和背面玻璃纤维布增强处理。

(3) 金属挂件（包括不锈钢角码、连接板、锚固销、膨胀螺

栓等）的材质、规格应符合设计的要求。

（4）环氧树脂、橡胶条、硅胶等各种用料应符合设计要求和有关的质量规定。

3. 作业条件

（1）施工现场的水、电源已满足施工的需要。作业面上的基层的外形尺寸已经复核，多余的混凝土屑已经凿除，务必使基层的误差保证在可调节的范围之内；作业面的环境已清理完毕。

（2）作业面操作位置的临时设施（棚架或临时操作平台，脚手架等）已满足操作要求和符合安全的规定。

（3）各种机具设备如冲击钻、切割机、钻孔机、扳手、测力扳手、磨角机、电焊机、打胶机等已齐备和完好。

9.1.4 板材拼装及加工

1. 板材拼装

（1）安装前应进行初步拼装，对板材的色差进行调整，使其色调花纹基本协调。

（2）板材加工厂应对石材进行编号，安装时宜从下到上顺序安装。

（3）石材的开槽采用专用开槽机在工厂或现场进行，开槽的宽度、长度、每块石材的挂件个数和开槽距离石材的两端部的距离均应符合《金属与石材幕墙工程技术规范》JGJ 133—2001 的有关规定。

2. 石板加工

（1）石板连接部位应无崩坏、暗裂等缺陷；其他部位崩边不大于 5mm×20mm，或缺角不大于 20mm 时可修补后使用，但每层修补的石板块数不应大于 2%，且宜用于立面不明显部位。

（2）石板的长度、宽度、厚度、直角、异型角、半圆弧形状、异型材及花纹图案造型、石板的外形尺寸均应符合设计要求。

（3）石板外表面的色泽应符合设计要求，花纹图案应按样板检查。石板四周围不得有明显的色差。

（4）火烧石应按样板检查火烧后的均匀程度，火烧石不得有暗裂、崩裂情况。

（5）石板的编号应同设计一致，不得因加工造成混乱。

（6）石板应结合其组合形式，并应确定工程中使用的基本形式后进行加工。

3. 钢销式安装的石板加工

（1）钢销的孔位应根据石板的大小而定。孔位距离边端不得小于石板厚度的 3 倍，也不得大于 180mm；钢销间距不宜大于 600mm；边长不大于 1.0m 时每边应设两个钢销，边长大于 1.0m 时应采用复合连接。

（2）石板的钢销孔的深度宜为 22～33mm，孔的直径宜为 7mm 或 8mm，钢销直径宜为 5mm 或 6mm，钢销长度宜为 20～30mm。

（3）石板的钢销孔处不得有损坏或崩裂现象，孔径内应光滑、洁净。

4. 通槽式安装的石板加工

石板的通槽宽度宜为 6mm 或 7mm，不锈钢支撑板厚度不宜小于 3.0mm，铝合金支撑板厚度不宜小于 4.0mm。

石板开槽后不得有损坏或崩裂现象，槽口应打磨成 45°倒角；槽内应光滑、洁净。

5. 短槽式安装的石板加工

（1）每块石板上下边应各开两个短平槽，短平槽长度不应小于 100mm，在有效长度内槽深度不宜小于 15mm；开槽宽度宜为 6mm 或 7mm；不锈钢支撑板厚度不宜小于 3.0mm，铝合金支撑板厚度不宜小于 4.0mm。弧形槽的有效长度不应小于 80mm。

（2）两短槽边距离石板两端部的距离不应小于石板厚度的 3 倍且不应小于 85mm，也不应大于 180mm。

（3）石板开槽后不得有损坏或崩裂现象，槽口应打磨成 45°

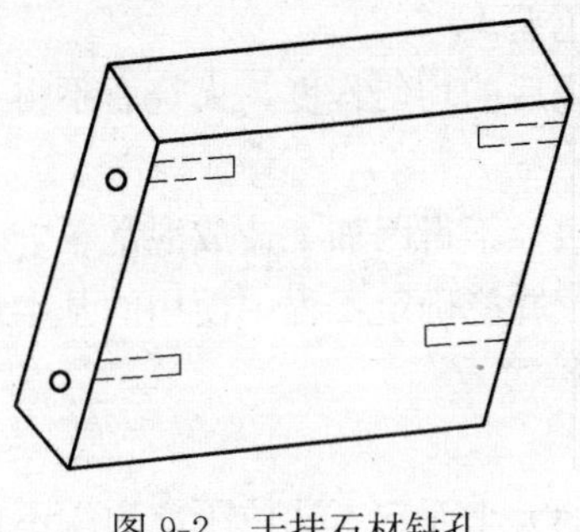
图 9-2　干挂石材钻孔

倒角，槽内应光滑、洁净。

6. 板块钻孔

按设计要求在板端面需钻孔的位置，预先划线，然后在板材的侧面小边，垂直于小面，在板的 1/4 高度，上下各钻一个 ϕ5mm、深 3～4cm 的孔，如图 9-2 所示。孔的纵向要和端面垂直一致。

9.1.5　施工要点

1. 放线

从所安装饰面部位的两端，由上至下吊出垂直线，投点在地面上或固定点上。找垂直时，一般按板背与基层面的空隙（即架空）为 50～70mm 为宜。按吊出的垂线，连接两点作为起始层挂装板材的基准，在基层立面上按板材的大小和缝隙的宽度，弹出横平竖直的分格墨线。

2. 挂件安装

按放出的墨线和设计以挂件的规格、数量的要求安装挂件，同时必须以测力扳手检测膨胀螺栓和连接螺母的旋紧力度，使之达到设计质量的要求。

连接板上的孔洞均呈椭圆形，以便安装时调整位置，如图 9-3 所示。由于挂件上穿过膨胀螺栓的椭圆孔，可以做上下调节，而可调螺栓可以通过螺母的拧动调节板材的外出里进，所以在挂板的同时可以边挂边调直、调正，也可以粗略挂好一行板材后，一同调整。

3. 墙、柱面石材干挂法钢骨架安装施工

参见上述 8.2.2 中 5 的相关内容。

4. 墙面石材安装

（1）石材安装顺序应由下向上逐层施工。石材墙面宜先安装

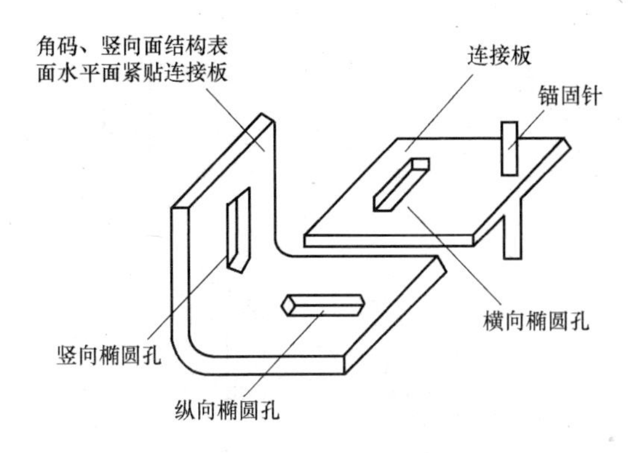

图 9-3　组合挂件

主墙面，门窗洞口则宜先安装侧边短板，以免操作困难。

（2）墙面第一层石材施工时，下面应用铝方通或厚木板作临时支托。

（3）将石材支放平稳，应用手持电动无齿磨切机开切安装槽口，槽口两侧净厚度应符合设计要求。开槽宜干法施工，并应用压缩空气将槽内粉尘吹净。如硬度较大的石材，开槽时必须用水冷却时，开槽后应将槽口烘烤干燥并清理干净，确保环氧胶粘剂与石材粘接牢固。

（4）应在干挂槽口内满注环氧胶粘剂，安放就位后调节不锈钢挂件固定螺栓，并用拉通线、铝方通和吊锤调平调直，调试平直后应用小木楔和卡具临时固定。

（5）安装时，板与板之间应通过钢销、扒钉等相连。较厚的情况下，也可以采用嵌块、石榫，还可以开口灌铅或用水泥砂浆等加固。板材与墙体一般通过镀锌钢锚固件连接锚固，锚固件有扁条锚件、圆杆锚件和线型锚件等。因此，根据其采用的锚固件的不同，所采用板材的开口形式也各不相同，如图 9-4 所示。

（6）石板的接缝常用对接、分块、有规则、不规则、冰纹等。除了破碎大理石面，一般大理石接缝在 1～2mm 左右。大

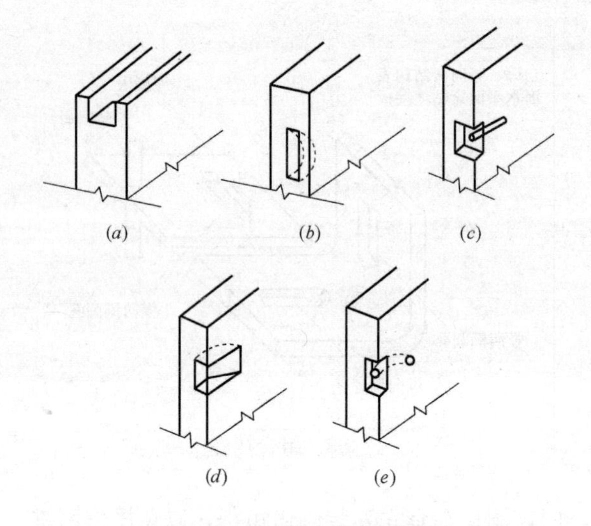

图 9-4　板材组板开口形状

(a) 扁条形；(b) 法状形；(c) 销钉形；(d) 角钢形；(e) 金属丝开口

理石板的阴角、阳角的拼接，如图 9-5 所示。

5. 圆柱干挂石材安装

(1) 石材圆柱圆弧板的分块数量和尺寸的确定，应考虑单片石材的重量，要方便施工安装搬运。

(2) 圆柱石材干挂安装时应注意将拼缝与设计轴线对齐或对中。

(3) 对石材圆柱柱脚较厚的石材，安装时宜用硬物作好支垫，安装完成后，应立即用细石混凝土做好垫层，以防上层石材安装后产生沉降或变形。

(4) 圆柱圆弧板上设计有凹槽或雕花时，安装槽口位置应符合设计要求且不宜布置在凹槽部位。

6. 封缝

每一施工段安装后经检查无误，可清扫拼接缝，填胶条，然后用打胶机进行硅胶涂封，一般硅胶只封平接缝表面或比板面稍凹少许即可。雨天或板材受潮时不宜涂硅胶。

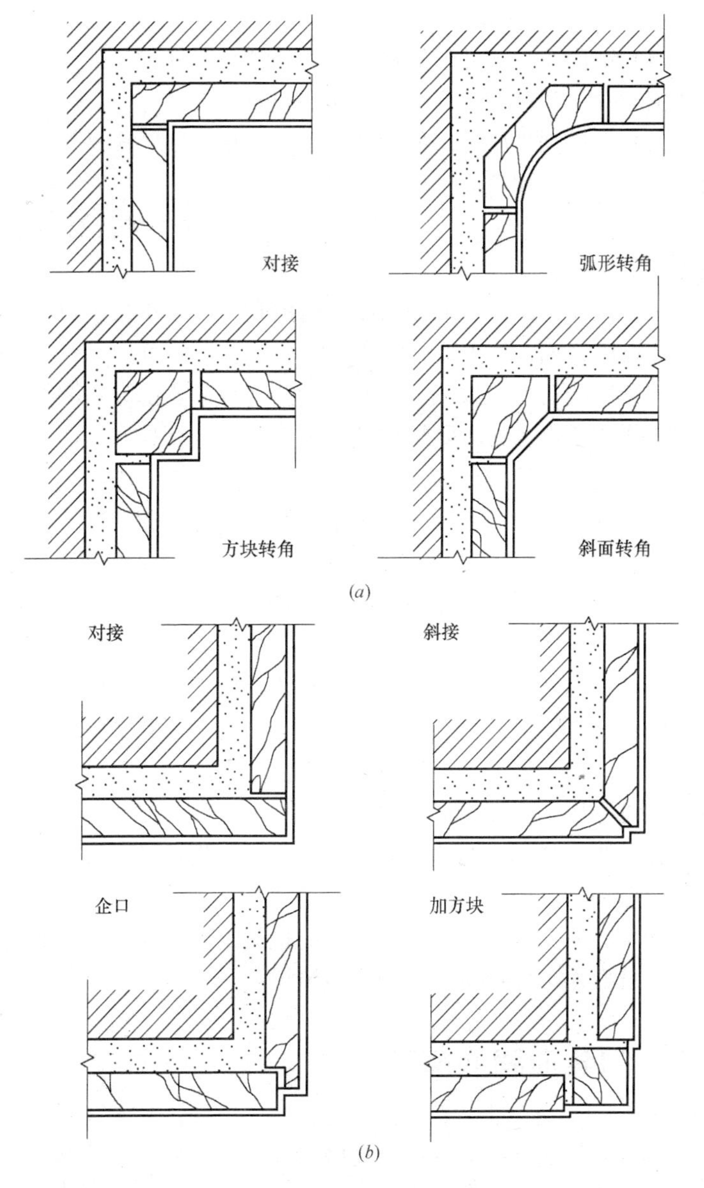

图 9-5 大理石墙面阴阳角处理

(a) 阴角处理；(b) 阳角处理

7. 施工注意事项

(1) 饰面块材的外形规格大小必须适合当地的最大风压及抗震要求，并注意排除有开裂、隐伤的块材。

(2) 金属挂件所采用的构造方式、数量、要同块材外形规格的大小及其重量相适应。

所有块材，挂件及其零件均应按常规方法进行材质定量检验。

(3) 门窗框上沾着的污物要及时清理干净。拆架子时避免碰撞墙柱面的饰面。对沾污的墙柱面要及时清理干净。

(4) 应配备专职检测人员及专用测力扳手，随时检测挂件安装的操作质量，务必排除结构基层上有松动的螺栓和紧固螺母的旋紧力未达到设计要求的情况，其抽检数量按 1/3 进行。

(5) 现场棚架、平台或脚手架，必须安全牢固，棚架上下不许堆放与干挂施工无关的物品，棚面上只准堆放单层石材；当需要上下交叉作业时，应互相错开，禁止上下同一工作面操作，并应戴好安全帽。

(6) 室内外运输道路应平整，石块材放在手推车上运输时应垫以松软材料，两侧宜有人扶持，以免碰花碰损和砸脚伤人。

(7) 搭铺平桥严禁直接压在门窗框上，应在适当位置垫木枋(板)，将平桥架离门窗框。

(8) 搬运料具时要注意避免碰撞已完成的设备、管线、埋件及门窗框和已完成饰面的墙面。

(9) 块材钻孔、切割应在固定的机架上，并应用经专业岗位培训人员操作，操作时应戴防护眼镜。

9.2 门头顶面的镶贴

大型板材在施工中无论是室内或室外，无论是安装或粘贴都要遇到门窗上脸的顶面施工，由于顶面不及立面施工方便，稍有不慎就可能造成空鼓脱落，所以在施工时要格外注意。

在安装上脸板时，如果尺寸不大，只在板的两侧和外边侧面小边上钻孔，一般每边钻两孔，孔径 5mm，孔深 18mm。用铜丝插入孔内用木楔蘸环氧树脂固定，也可以钻成牛鼻子孔把铜丝穿入，后绑扎牢固。对尺寸较大的板材，除在侧边钻孔外，还要在板背适当的位置，用云石机先割出矩形凹槽，数量适当（依板的大小而增减），矩形槽入板深度以距板面不少于 12mm 为准。矩形 4～5cm 长、0.5～1cm 宽。切割后用錾子把中间部分剔除，为了剔除时方便快捷，可以把中间部分用云石机多切割几下。剔凿后形成凹入的矩形槽，矩形糟的双向截面，均应呈上小下大的梯形。然后把铜丝放入槽内，两端露出槽外，在槽内灌注 1∶2 水泥砂浆掺加 15%水质量的乳液，搅和的聚合物灰浆，用木块蘸环氧树脂填入槽内，再用环氧树脂抹平的方法把铜丝固定在板材上，如图 9-6 所示。

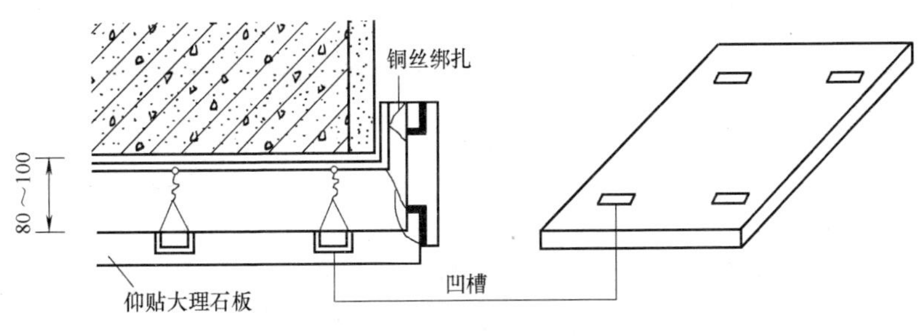

图 9-6　面镶粘示意

湿安装时，把基层和板材背面涂刷素水泥浆，紧接着把板材背面朝上放在准备好的支架上，把铜丝与基层绑扎后经找方、调平、调正后，紧好铜丝，用木楔子楔稳，视基层和板背素水泥的干度，喷水湿润（如果素水泥浆颜色较深，说明吸水较慢，可以不必喷水），然后用 1∶2 水泥砂浆内掺水质量 15%的水泥乳液干硬性砂浆灌入基层与板材的间隙中。边灌边用木棍捣固、捣实，捣出灰浆来。3d 后拆掉木楔，视砂浆与基层之间结合完好后，可以把支架拆掉。然后可进行门窗两边侧面板材的安装，侧面立板要把顶板的两端盖住，以增加顶板的牢固。

10 线角、花饰镶贴

10.1 预制花饰安装

适用于一般民用建筑工程和高级公用建筑室内外预制花饰安装工程。

10.1.1 一般规定

（1）材料品种规格图案固定方法和砂浆种类应符合设计要求。

（2）基体应有足够的强度、稳定性和刚度，其表面质量应符合现行的规范和有关规定。

（3）饰面板砖应镶贴平整，接缝宽度应符合设计要求，并填嵌密实。

（4）夏季镶贴室外饰面板、砖应注意防止暴晒。冬期施工砂浆的使用温度不得低于5℃，砂浆硬化前应采取防冻措施饰面工程镶贴后应采取保护措施。

10.1.2 施工准备

1. 材料与制品

预制花饰制品有木制花饰、水泥砂浆花饰、混凝土花饰、水磨石花饰、金属花饰、塑料花饰、石膏花饰、土烧制品花饰、石料浮雕花饰等。其品种、规格、式样按设计选用。

按设计的花饰品种，确定安装固定方式，选用适宜的安装辅助材料，如胶粘剂、螺栓和螺丝的品种、规格、焊接材料，贴砌的粘贴材料和固定方法。

2. 主要机具

电动机具：电焊机、手电钻。

设备及工具：预拼平台、专用夹具、吊具、安装脚手架、大小料桶、刮刀、刮板，油漆刷、水刷子、板子、橡皮锤、擦布等。

3. 作业条件

（1）安装花饰的房间和部位，其上道工序项目，必须施工完毕，应具备强度的基体、基层必须达到安装花饰的要求。

（2）安装花饰的固定方式，大体有粘贴法、木螺丝固定法、螺栓固定法、焊接固定法等；重型花饰的位置应在结构施工时预埋锚固件。

（3）花饰制品进场或自行加工应经检查验收，材质、图式应符合设计要求。水泥、石膏制品的强度应达到设计要求，并满足硬度、刚度的要求标准。

10.1.3 施工要点

1. 基层处理与弹线

（1）安装花饰的基体或基层表面应清理洁净、平整，要保证无灰尘、杂物及凹凸不平等现象。如遇有平整度误差过大的基面，可用手持电动机具打磨或用砂纸磨平。

（2）按照设计要求的位置和尺寸，结合花饰图案，在墙、柱或顶棚上进行实测并弹出中心线、分格线或相关的安装尺寸控制线。

（3）凡是采用木螺钉和螺栓进行固定的花饰，如体积较大的重型的水泥砂浆、水刷石、剁斧石、木质浮雕、玻璃钢、石膏及金属花饰等，应配合土建施工，事先在基体内预埋木砖、铁件或是预留孔洞。如果是预留孔洞，其孔径一般应比螺栓等紧固件的直径大出 12～16mm，以便安装时进行填充作业，孔洞形状宜呈底部大口部小的锥形孔。弹线后，必须复核预埋件及预留孔洞的数量、位置和间距尺寸；检查预埋件是否埋设牢固；预埋件与基层表面是否突出或内陷过多。同时要清除预埋铁件的锈迹，不论木砖或铁件，均应经防腐、防锈处理。

（4）在基层处理妥当后并经实测定位，一般即可正式安装花饰。但如若花饰造型复杂，其分块安装或图案拼镶要求较高并具有一定难度时，必须按照设计及花饰制品的图案要求，并结合建筑部位的实际尺寸，进行预安装。预安装的效果经有关方面检查合格后，将饰件编号并顺序堆放。对于较复杂的花饰图案在较重要的部位安装时，宜绘制大样图，施工时将单体饰件对号排布，要保证准确无误。

（5）在抹灰面上安装花饰时，应待抹灰层硬化固结后进行。安装镶贴花饰前，要浇水润湿基层。但如采用胶合剂粘贴花饰时，应根据所采用的胶粘剂使用要求确定基层处理方法。

2. 安装方法及工艺

花饰粘贴法安装：一般轻型花饰采用粘贴法安装。粘贴材料根据花饰材料的品种选用。

（1）水泥砂浆花饰和水泥水刷石花饰，使用水泥砂浆或聚合物水泥砂浆粘贴。

（2）石膏花饰宜用石膏灰或水泥浆粘贴。

（3）木制花饰和塑料花饰可用胶粘剂粘贴，也可用钉固的方法。

（4）金属花饰宜用螺丝固定，根据构造可选用焊接安装。

（5）预制混凝土花格或浮面花饰制品，应用1∶2水泥砂浆砌筑，拼块的相互间用钢销子系固，并与结构连接牢固。

3. 螺钉固定法

（1）在基层薄刮水泥砂浆一道，厚度2～3mm。

（2）水泥砂浆花饰或水刷石等类花饰的背面，用水稍加湿润，然后涂抹水泥砂浆或聚合物水泥砂浆，即将其与基层紧密贴敷。在镶贴时，注意把花饰上的预留孔眼对准预埋的木砖，然后拧上铜质、不锈钢或镀锌螺钉，要松紧适度。安装后用1∶1水泥砂浆或水泥素浆将螺钉孔眼及花饰与基层之间的缝隙嵌填密实，表面再用与花饰相同颜色的彩色（或单色）水泥浆或水泥砂浆修补至不留痕迹。修整时，应清除接缝周边的余浆，最后打磨光滑洁净。

（3）石膏花饰的安装方法与上述相同，但其与基层的粘结宜采用石膏灰、粘结石膏材料或白水泥浆；堵塞螺钉孔及嵌补缝隙等修整修饰处理也宜采用石膏灰、嵌缝石膏腻子。用木螺钉固定时不应拧得过紧，以防止损伤石膏花饰。

（4）对于钢丝网结构的吊顶或墙、柱体，其花饰的安装，除按上述做法外，对于较重型的花饰应事先有预设铜丝，安装时将其预设的铜丝与骨架主龙骨绑扎牢固。

4. 螺栓固定法

（1）通过花饰上的预留孔，把花饰穿在建筑基体的预埋螺栓上。如不设预埋，也可采用膨胀螺栓固定，但要注意选择合适粗细和长度的螺栓。

（2）采用螺栓固定花饰的做法中，一般要求花饰与基层之间应保持一定间隙，而不是将花饰背面紧贴基层，通常要留有30～50mm的缝隙，以便灌浆。这种间隙灌浆的控制方法是：在花饰与基层之间放置相应厚度的垫块，然后拧紧螺母。设置垫块时应考虑支模灌浆方便，避免产生空鼓。花饰安装时，应认真检查花饰图案的完整和平直、端正，合格后，如果花饰的面积较大或安装高度较高时，还要采取临时支撑稳固措施。

（3）花饰临时固定后，用石膏将底线和两侧的缝隙堵住，即用1∶2～2.5水泥砂浆（稠度为8～12cm）分层灌注。每次灌浆高度约为10cm，待其初凝后再继续灌注。在建筑立面上按照图案组合的单元，自下而上依次安装、固定和灌浆。

（4）待水泥砂浆具有足够强度后，即可拆除临时支撑和模板。此时，还须将灌浆前堵缝的石膏清理掉，而后沿花饰图案周边用1∶1水泥砂浆将缝隙填塞饱满和平整，外表面采用与花饰相同颜色的砂浆嵌补，并保证不留痕迹。

（5）上述采用螺栓安装并加以灌浆稳固的花饰工程，主要是针对体积较大较重型的水泥砂浆花饰、水刷石及剁斧石等花饰的墙面安装工程。对于较轻型的石膏花饰或玻璃钢花饰等采用螺栓安装时，一般不采用灌浆做法，将其用粘结材料粘贴到位后，拧紧螺栓螺母即可。

5. 胶合剂粘贴法

较小型、轻型细部花饰，多采用粘贴法安装。有时根据施工部位或使用要求，在以胶合剂镶贴的同时再辅以其他固定方法，以保证安装质量及使用安全，这是花饰工程应用最普遍的安装施工方法。粘贴花饰用的胶合剂，应按花饰的材质品种选用。对于现场自行配制的粘结材料，其配合比应由试验确定。

目前成品胶合剂种类繁多，如前述环氧树脂类胶合剂，可适用混凝土、玻璃、砖石、陶瓷、木材、金属等花饰及其基层的粘贴；聚异氰酸酯胶合剂及白乳胶，可用于塑料、木质花饰与水泥类基层的粘结；氯丁橡胶类的胶合剂也可用于多种材质花饰的粘贴。此外还有通用型的建筑胶合剂，如W—I、D型建筑胶合剂、建筑多用胶合剂等。选择时应明确所用胶合剂的性能特点，按使用说明制备。花饰粘贴时，有的须采取临时支撑稳定措施，尤其是对于初粘强度不高的胶合剂，应防止其位移或坠落。以普通砖块组成各种图案的花格墙，砌筑方法与前述砖墙体基本相同，一般采用坐浆法砌筑。砌筑前先将尺寸分配好，使排砖图案均匀对称。砌筑宜采用1∶2或1∶3水泥砂浆，操作中灰缝要控制均匀，灰浆饱满密实，砖块安放要平正，搭接长度要一致。

砌筑完成后要划缝、清扫，最后进行勾缝。拼砖花饰墙图案多样，可根据构思进行创新，以丰富民间风格的花墙艺术形式。

6. 焊接固定法安装

大重型金属花饰采用焊接固定法安装。根据设计构造，采用临时固挂的方法后，按设计要求先找正位置，焊接点应受力均匀，焊接质量应满足设计及有关规范的要求。

7. 施工注意事项

（1）拆架子或搬动材料、设备及施工工具时，不得碰损花饰，注意保护完整。

（2）花饰脱落：花饰安装必须选择适当的固定方法及粘贴材料。注意胶粘剂的品种、性能，防止粘不牢，造成开粘脱落。

（3）必须有用火证和设专人监护，并布置好防火器材，方可施工。

（4）在油漆掺入稀释剂或快干剂时，禁止烟火，以免引起燃烧，发生火灾。

（5）花饰安装的平直超偏：注意弹线和块体拼接的精确程度。

（6）施工中及时清理施工现场，保持施工现场有序整洁。工程完工后应将地面和现场清理整洁。

（7）施工中使用必要的脚手架，要注意地面保护，防止碰坏地面。

（8）花饰扭曲变形、开裂：螺丝和螺栓固定花饰不可硬拧，务使各固定点平均受力，防止花饰扭曲变形和开裂。

（9）花饰脏污：花饰安装后加强保护措施，保持已安好的花饰完好洁净。

（10）施工中要特别注意成品保护，刷漆。施工中防止洒漏，防止污染其他成品。

（11）花饰工程完成后，应设专人看管防止摸碰和弄脏饰物。

10.2 石膏花饰制作与安装

10.2.1 塑制实样（阳模）

塑制实样是花饰预制的关键，塑制实样前要审查图纸，领会花饰图案的细节，塑好的实样要求在花饰安装后不存水，不易断裂，没有倒角。塑制实样一般有刻花、垛花和泥塑三种：

（1）刻花。按设计图纸做成实样即可满足要求。一般采用石膏灰浆，或采用木材雕刻。

(2) 垛花。一般用较稠的纸筋灰按设计花样轮廓垛出，用钢片或黄棉木做成的塑花板雕塑而成。由于纸筋灰的干缩率大，垛成的花样轮廓会缩小，因此，垛花时应比实样大出2%左右。

(3) 泥塑。用石膏灰浆或纸筋灰按设计图做成实样即可。塑料实样注意事项：

1）阳模干燥后，表面应刷凡立水（或油脂）2～3遍，若阳模是泥塑的，应刷3～5遍。每次刷凡立水，必须待前一次干燥后才能涂刷，否则凡立水易起皱皮，影响阳模及花饰的质量。刷凡立水的作用：其一是作为隔离层，使阳模易于在阴模中脱出；其二，在阴模中的残余水分，不致在制作阴模时蒸发，使阴模表面产生小气孔，降低阴模的质量。

2）实样（阳模）做好后，在纸筋灰或石膏实样上刷三遍漆片（为防止尚未蒸发的水分），以使模子光滑，再抹上调合好的油（黄油掺煤油），用明胶制模。

10.2.2 浇制阴模

浇制阴模的方法有两种：一种是硬模，适用于塑造水泥砂浆、水刷石、斩假石等花饰；一种是软模，适用于塑造石膏花饰。花饰花纹复杂和过大时要分块制作，一般每块边长不超过50cm，边长超过50cm时，模内需加钢筋网或8号铅丝网。

(1) 软模浇制：

1）材料。浇制软模的常用材料为明胶，也有用石膏浇制的。

2）明胶的配制。先将明胶隔水加热至30℃，明胶开始溶化，温度达到70℃时停止加热，并调拌均匀稍凉后即可灌注。其配合比：明胶∶水∶工业甘油＝1∶1∶0.125。

3）软模的浇制方法。当实样硬化后，先刷三遍漆片，再抹上掺煤油的黄油调和油料，然后灌注明胶。灌注要一次完成，灌注后约8～12h取出实样，用明矾和碱水洗净。

4）灌注成的软模，如出现花纹不清，边棱残缺、模型变样、表面不平和发毛等现象，须重新浇制。

5）用软模浇制花饰时，每次浇制前在模子上需撒上滑石粉或涂上其他无色隔离剂。

6）石膏花饰适用于软模制作。

（2）硬模浇制：

1）在实样硬化后，涂上一层稀机油或凡士林，再抹 5mm 厚素水泥浆，待稍干收水后放好配筋，用 1：2 水泥砂浆浇灌。也有采用细石混凝土的。

2）一般模子的厚度要考虑硬模的刚度，最薄处要比花饰的最高点高出 2cm。

3）阴模浇灌后 3～5d 倒出实样，并将阴模花纹修整清楚，用机油擦净，刷三遍漆片后备用。

4）初次使用硬模时，需让硬模吸足油分。每次浇制花饰时，模子需要涂刷掺煤油的稀机油。

5）硬模适用于预制水泥砂浆、水刷石、斩假石等水泥石碴类花饰。

10.2.3 花饰浇制

（1）花饰中的加固筋和锚固件的位置必须准确。加固筋可用麻丝、木板或竹片，不宜用钢筋，以免其生锈时，石膏花饰被污染而泛黄。

（2）明胶阴模内应刷清油和无色纯净的润滑油各一遍，涂刷要均匀，不应刷得过厚或漏刷，要防止清油和油脂聚积在阴模的低凹处，造成烧制的石膏花饰出现细部不清晰和孔洞等缺陷。

（3）将浇制好的软模放在石膏垫板上，表面涂刷隔离剂不得有遗漏，也不可使隔离剂聚积在阴模低洼处，以防花饰产生孔眼。下面平放一块稍大的板子，然后将所用的麻丝、板条、竹条均匀分布放入，随即将石膏浆倒入明胶模，灌后刮平表面。待其硬化后，用尖刀将背面划毛，使花饰安装时易与基层粘结牢固。

（4）石膏浆浇注后，一般经 10～15min 即可脱模，具体时间以手摸略有热度时为准。脱模时还应注意从何处着手起翻比较方便，又不致损坏花饰，脱模后须修理不齐之处。

（5）脱模后的花饰，应平放在木板上，在花脚、花叶、花面、花角等处，如有麻洞、不齐、不清、多角、凸出不平现象，应用石膏补满，并用多式凿子雕刻清晰。

10.2.4 石膏花饰安装

（1）按石膏花饰的型号、尺寸和安装位置，在每块石膏花饰的边缘抹好石膏腻子，然后平稳地支顶于楼板下。安装时，紧贴龙骨并用竹片或木片临时支住并加以固定，随后用镀锌木螺丝拧住固定，不宜拧得过紧，以防石膏花饰损坏。

（2）视石膏腻子的凝结时间而决定拆除支架的时间，一般以12h拆除为宜。

（3）拆除支架后，用石膏腻子将两块相邻花饰的缝填满抹平，待凝固后打磨平整。螺丝拧的孔，应用白水泥浆填嵌密实，螺钉孔用石膏修平。

（4）花饰的安装，应与预埋在结构中的锚固件连接牢固。薄浮雕和高凸浮雕安装宜与镶贴饰面板、饰面砖同时进行。

（5）在抹灰面上安装花饰，应待抹灰层硬化后进行。安装时应防止灰浆流坠污染墙面。

（6）花饰安装后，不得有歪斜、装反和镶接处的花枝、花叶、花瓣错乱、花面不清等现象。

10.2.5 施工注意事项

（1）石膏腻子凝固的时间短促，应随配随用。初凝后的石膏腻子不得再使用，因其已失去粘结性。

（2）石膏花饰制品一般强度不高，故在搬运过程中应轻拿轻放。

（3）石膏花饰制品怕水，不得在露天存放，受潮后会发黄，要采取防水、防潮措施，湿度较大的房间，不得使用未经防水处理的石膏花饰。

（4）安装花饰的墙面或顶棚，不得经常有潮湿或漏水现象，以免花饰受潮变色。

（5）花饰镶接处的花纹、花叶；花瓣应相互连接对齐，不可错乱，注意合角拼缝和花饰表面。安装后花饰应表面清洁，不得有麻孔、裂纹或残缺不全等。

10.3 水泥石碴花饰安装

10.3.1 小型花饰

（1）花饰背面稍浸水，涂上水泥砂浆。

（2）基层上刮一层 2～3mm 的水泥砂浆。

（3）花饰上的预留孔对准预埋木砖，用镀锌螺钉固定。

（4）用水泥砂浆堵螺纹孔，并用与花饰相同的材料修补。

（5）砂浆凝固后，清扫干净。

10.3.2 大尺寸花饰

（1）让埋在基层上的螺栓穿入花饰预留孔。

（2）花饰与基层之间放置垫块，按设计要求保持一定间隙，以便灌浆。

（3）拧紧螺母，对重量大、安装位置高的花饰搭设临时支架予以固定。

（4）花饰底线和两侧缝隙用石膏堵严，用 1∶2 的水泥砂浆分层灌实。

（5）砂浆凝固后拆除临时支架，清理堵缝石膏。

（6）用 1∶1 水泥砂浆嵌实螺栓孔和周边缝隙，并用与花饰相同颜色的材料修整。

（7）待砂浆凝固后，清扫干净。

10.4 塑料、纸质花饰安装

（1）根据花饰的材料与基层的特点，选配粘结剂，通常可用聚醋酸乙烯酯或聚异氰酸酯为基础的粘结剂。

（2）用所选的粘结剂试粘贴，强度和外观均满足要求后方可正式粘贴。

（3）花饰背面均匀刷胶，待表面稍干后贴在基层上，并用力压实。

（4）花饰按弹线位置就位后，及时擦拭挤出边缘的余胶。

（5）安装完毕后，用塑料薄膜覆盖保护，防止表面污染。

参考文献

[1] 第五版编委会. 建筑施工手册. 第5版. 北京：中国建筑工业出版社，2011.

[2] 第四版编写组. 建筑施工手册. 第4版. 北京：中国建筑工业出版社，2003.

[3] 中国建筑工程总公司. 建筑装饰装修工程施工工艺标准. 第1版. 北京：中国建筑工业出版 社，2003.

[4] 周海涛. 装饰工实用便查手册. 北京：中国电力出版社，2010.

[5] 杨嗣信主编. 高层建筑施工手册（第二版）. 北京：中国建筑工业出版社，2001.

[6] 陈世霖主编. 当代建筑装修构造施工手册. 北京：中国建筑工业出版社，1999.

[7] 雍本等编写. 建筑工程设计施工详细图集“装饰工程（3）”. 北京：中国建筑工业出版社，2001.